U0908813

广西壮族自治区地震应急救援工作基础资料

——断裂构造特征及说明

GUANGXI ZHUANGZU ZIZHIQU DIZHEN YINGJI JIUYUAN GONGZUO JICHU ZILIAO

——DUANLIE GOUZAO TEZHENG JI SHUOMING

李细光　张沛全　李冰湖　郭培兰　聂冠军　**编著**

图书在版编目(CIP)数据

广西壮族自治区地震应急救援工作基础资料:断裂构造特征及说明/李细光等编著.
—武汉:中国地质大学出版社,2022.8

ISBN 978-7-5625-5304-5

Ⅰ.①广… Ⅱ.①李… Ⅲ.①地震灾害-救援-工作-广西 Ⅳ.①P315.95

中国版本图书馆CIP数据核字(2022)第141048号

广西壮族自治区地震应急救援工作基础资料
——断裂构造特征及说明

李细光 **等编著**

责任编辑:周 豪　　选题策划:周 豪 张 健　　责任校对:张咏梅

出版发行:中国地质大学出版社(武汉市洪山区鲁磨路388号)　　邮政编码:430074
电 话:(027)67883511　　传 真:(027)67883580　　E-mail:cbb@cug.edu.cn
经 销:全国新华书店　　http://cugp.cug.edu.cn

开本:787毫米×1092毫米 1/16　　字数:151千字　印张:6　插页:1
版次:2022年8月第1版　　印次:2022年8月第1次印刷
印刷:武汉中远印务有限公司

ISBN 978-7-5625-5304-5　　定价:88.00元

前　言

21世纪以来，我国相继发生了昆仑山8.1级、汶川8.0级、玉树7.2级、芦山7.0级、岷县漳县6.6级、鲁甸6.5级等一系列破坏性地震，造成了极为严重的经济损失和人员伤亡。统计资料显示，我国因地震造成的死亡人数占全部自然灾害死亡人数的54%。因此，最大限度地减轻包括地震在内的自然灾害损失，努力提高全社会共同抗御自然灾害的能力尤为重要，而全面实现破坏性地震快速响应、科学决策、高效处置、综合减灾对降低自然灾害人员伤亡数量起到决定性作用，此项工作是各级政府和地震行政主管部门乃至全社会的共同责任。

广西壮族自治区简称桂，位于中国西南部。全区自公元前1318年发生平南5级地震以来，相继发生了55次破坏性地震，其中1936年4月1日发生的广西灵山6¾级地震是有记载以来在华南陆地发生的最大地震，死亡101人。

断裂构造是地震应急救援工作的重要基础资料，可以为全区城乡国土利用和防震减灾规划及应急准备提供依据，在地震预报难题尚未攻克的今天，研究并把握活动构造格局，震后第一时间通过断裂构造资料判断地震烈度范围、展布和影响场强度，并根据已掌握的灾区房屋类型、抗震性能、人口、人均国内生产总值等信息，快速判断极灾区和救援重点目标，为快速开展抗震救灾决策部署打下坚实的基础，是地震发生后工作的重中之重。

本书正式出版的目的是为各级领导和专业技术人员了解广西地区地震构造环境、地震活动水平和地震活动区域以及发生地震的构造控制情况提供资料。通过对这些情况的了解，结合震情信息，有利于开展抗震救灾决策的部署，为最大限度地减轻地震灾害人员伤亡和财产损失提供数据支撑。

本书以已有的地震地质、工程地震、水文地质、地球物理、第四纪地貌等资料为主，从宏观上对广西地区大地构造环境、地形地貌、新构造运动、第四纪盆地进行了分类描述，对广西区内的主要区域性断裂带，尤其是对活动断裂和早—中更新世断裂的展布和活动性等断裂要素进行了阐述，同时对广西地区中强地震震例及发震构造进行了分析，书中附有广西地区中强地震目录（1318年至2021年，$M \geqslant 4.7$），以期达到专业人员与普通民众共用的目的。

《广西壮族自治区地震应急救援工作基础资料——断裂构造特征及说明》一书在编撰过程中，始终受到广西壮族自治区地震局领导及有关部门的支持，尤其是受到了张勤局长等领导的大力支持与帮助，在此表示衷心的感谢！本书较多地参考和使用了“九五”以来广西壮族自治区城市活断层探测、发震构造探测以及城市地震小区划等项目在地震地质和活动构造研究方面取得的最新成果。同时，本书参考和使用了中国科学院、中国地震局地质研究所、广西壮族自治区地质矿产勘查开发局、桂林理工大学等单位取得的研究成果，在此特表示感谢！

目　录

第一章　广西地震构造环境概述 …… (1)
第一节　大地构造单元划分 …… (1)
第二节　地貌与新构造运动特征 …… (8)
第二章　断裂活动特征 …… (16)
第一节　北东向断裂 …… (16)
第二节　北西向断裂 …… (34)
第三节　北北东向断裂 …… (47)
第四节　近南北向断裂 …… (52)
第五节　东西向断裂 …… (55)
第六节　本章小结 …… (59)
第三章　中强地震震例 …… (62)
主要参考文献 …… (83)
附　表 …… (85)

第一章　广西地震构造环境概述

第一节　大地构造单元划分

在大地构造区划上，广西属羌塘-扬子-华南板块。根据区域构造演化，广西可划分出 2 个大地构造单元，即扬子克拉通（Ⅳ-4）和华南新元古代—早古生代造山带（Ⅳ-5）（图 1-1，表 1-1）。其中，扬子克拉通（Ⅳ-4）可进一步划分出雪峰-四堡古岛弧（Pt_3）（Ⅳ-4-1）、湘桂被动陆缘（Pt_3-Pz_1）（Ⅳ-4-2）、滇黔桂被动陆缘（Pz_2）（Ⅳ-4-3）3 个三级构造单元；华南新元古代—早古生代造山带（Ⅳ-5）可进一步划分出钦防结合带（Pz_1）（Ⅳ-5-1）、罗霄-云开弧盆系（Pt-Pz_1）（Ⅳ-5-2）、北部湾坳陷（E-Q）（Ⅳ-5-3）3 个三级构造单元。

（一）扬子克拉通（Ⅳ-4）

扬子克拉通位于峒中—小董—灵山—藤县—梧州—贺街—鹰阳关一线北西地区，为广西境内的一个二级构造单元。前泥盆纪主要受华南洋控制，相继经历了四堡期—加里东期洋陆转换、拼贴与碰撞。四堡期演化为扬子克拉通东南缘（沟）弧-盆体系，发育次深海—深海相四堡群复理石夹岛弧型拉斑玄武岩-科马提岩建造。自雪峰期开始转为陆缘裂谷演化阶段，主要经历了滨浅海→次深海→深海斜坡-盆地变化，形成了丹洲群陆源碎屑复理石夹碳酸盐岩沉积，发育基性—超基性火山岩及侵入岩建造。雪峰期，地壳发生不均衡升降，区外发生沉积间断，导致南华纪地层和丹洲群相当层位的地层呈平行不整合接触，区内仍呈连续整合沉积。南华纪演化为以滨浅海相为主的地堑-地垒式裂谷盆地，充填冰海重力流含砾砂泥岩夹间冰期陆源碎屑复理石、少量碳酸盐岩和含铁泥岩建造。震旦纪—寒武纪，演变为较稳定的被动边缘盆地沉积。继震旦纪大陆斜坡陆源细碎屑岩、硅质岩沉积，经寒武纪次深海—深海相斜坡-盆地快速充填后，至奥陶纪转为前陆盆地沉积，形成次深海—深海盆地相陆源碎屑复理石夹碳酸盐岩沉积，局部发育钙碱性中基性火山岩建造。加里东期，华南洋盆关闭，新元古代丹洲群—奥陶系发生强烈褶皱，扬子陆块整体隆升成陆，遭受剥蚀，并发生大规模后碰撞花岗质岩浆活动，在该区域形成越城岭、猫儿山、海洋山、都庞岭等岩体。

泥盆纪—中三叠世，扬子陆块进入陆表海盆地演化阶段，在该区域扬子克拉通主要分布于桂中—桂东、桂西及桂西南地区。早泥盆世早中期，在褶皱基底之上主要发育海陆交互相、滨岸-潮坪相陆源碎屑沉积，中泥盆世—早三叠世，台盆相间格局明显，台地以沉积浅水碳酸盐岩为主；台间海槽沉积次深海—深海斜坡-盆地相碳酸盐岩、陆源碎屑岩混积和硅质岩建造，有中基性火山沉积岩及其侵入岩伴随发育；中三叠世，桂西地区演化为统一的沉降

1. 雪峰-四堡古岛弧(Ⅳ-4-1)

本区在四堡期属扬子克拉通东南缘(沟)弧-盆系中岛弧盆地,前寒武纪地层出露广泛。新元古代早期,发生弧-陆碰撞(四堡运动),成为扬子克拉通东南缘重要的增生或造山带部分。雪峰期—寒武纪,沦为扬子克拉通东南缘沉降带,其中雪峰运动导致本区隆升,丹洲群下部发生较强烈的伸展滑脱;寒武纪,总体处于抬升状态,早古生代末的广西运动使本区发生褶皱回返。晚古生代发生块断升降活动,本区南缘、西缘伸展拗陷,出现泥盆纪—中三叠世陆表海沉积,经中三叠世末的印支运动,海水退出,褶皱回返。

根据不同时期的沉积建造、岩浆活动、变质变形特征,该三级构造单元可进一步划分为四堡古岛弧、罗城-环江坳陷 2 个四级构造单元。

2. 湘桂被动陆缘(Ⅳ-4-2)

本区前泥盆纪地层出露广泛,主要形成于雪峰期—南华纪陆缘裂谷和震旦纪—寒武纪被动大陆边缘海盆环境,受华南洋控制。丹洲期,桂北龙胜三门街、桂东南鹰阳关地区有大规模的基性—超基性火山喷溢和顺层侵入;南华纪,桂北地区以冰海相沉积为主,桂东南大瑶山地区发育广海陆源碎屑复理石建造;震旦纪—寒武纪,桂北地区发育较稳定的碎屑岩、碳酸盐岩、硅质岩沉积,桂东南大瑶山地区则以活动性较强的复理石浊积岩夹少量硅质岩沉积为主。寒武纪末的郁南运动,使区内地壳开始转入挤压收缩,发生整体抬升,桂东北奥陶纪转入前陆盆地沉积;奥陶纪末的北流运动,使本区整体抬升,缺失志留系沉积;志留纪末的广西运动,随着洋陆转换碰撞,使本区发生褶皱造山。进入晚古生代,本区发生强烈不均衡的陆内伸展裂陷,构成桂北、桂东南隆起夹桂中-桂东北坳陷的古地理格局,隆起边缘早、中泥盆世地层超覆于早古生代地层之上,坳陷内广泛接受晚古生代陆表海碳酸盐岩、碎屑岩沉积。中三叠世末,海水退出,泥盆纪—中三叠世盖层发生强烈褶皱,本区隆升成陆,大瑶山北东姑婆山地区发生大规模的后造山花岗岩浆侵入。

根据以上不同地区、不同时期的构造活动特征,该三级构造单元可进一步划分出龙胜陆缘裂谷、资源陆缘沉降带、桂中-桂东北坳陷和大瑶山陆缘沉降带 4 个四级构造单元。

3. 滇黔桂被动陆缘(Ⅳ-4-3)

本区位于扬子克拉通西南缘,南东以峒中断裂与钦杭结合带分界,北东以南丹-昆仑关断裂与雪峰-四堡古岛弧及桂中-桂东北坳陷分界。

本区地质构造较为特殊,在沉积建造、岩浆活动和构造特征等方面与其他构造区有所不同。

基底零星出露寒武系,西北部为厚 800m 的近陆浅海台地碳酸盐岩夹碎屑岩,往东南过渡为厚近万米的深水斜坡-盆地相陆源复理石碎屑岩,广西运动使之褶皱成山。

晚古生代以来,受控于古特提斯洋的往东扩张-俯冲,区内转入裂谷作用发展阶段。盆地内地层由泥盆系至中三叠统组成,尤以中三叠统厚度巨大且分布广泛为特征。早泥盆世中期形成稳定的盖层沉积,下泥盆统以不同层位角度不整合于寒武系之上,呈现由东往西超覆现象。早泥盆世晚期,地壳开始产生张裂,在区域引张伸展的构造背景下,逐步形成许多大小不一、主要受北西向和北东向同生断裂控制的浅水台地和深水台沟(盆),构成"台、沟

(盆)”相间的古地理景观,此现象维持到早三叠世。台地处于长期稳定下沉的浅水环境,以富含腕足类、珊瑚和蜓类等底栖生物化石的浅色碳酸盐岩和含煤、铝土岩建造为特色,厚3000~5000m;台地边缘往往发育生物礁及滑塌角砾岩,尚可见到多期次的沉积灰岩岩脉群分布,围岩时代从晚古生代中、晚泥盆世至晚二叠世,以晚泥盆世为主。岩脉时代从早石炭世早期至中三叠世,以早石炭世早期的岩脉最发育,反映当时地壳处于一种持续微型扩张的构造环境。台、沟(盆)中则沉积同时期的含菊石、竹节石等漂浮生物化石的硅泥质岩和中性、基性火山岩,厚度较薄,为数百米至1000m。东吴运动后,台地逐步缩小,盆地相继扩大,至中三叠世终于演化为单一的浊积盆地,沉积厚度巨大,为一套厚数千米至上万米的陆源碎屑复理石建造和浊积岩。在伸展构造结构样式上,盆地主要呈现受陡倾正断层控制的地堑-地垒-断块构造。

印支运动褶皱回返,形成印支褶皱带,构造线方向以北西向为主,次为南北向、北东向和东西向。台地区为平缓开阔褶皱,台沟区则为紧密线状和倒转褶皱。

燕山期—喜马拉雅期,先后在十万大山、右江一带以及武鸣、南宁等地发育断块活动,形成百色、十万大山、南宁等上叠断陷盆地和走滑拉分盆地。盆内堆积数百米至数千米厚类磨拉石、复陆屑含煤建造。

强烈的火山活动和基性岩浆岩侵入,是该区重要特征之一,海西期和印支期海底基性—酸性火山岩和基性侵入岩广泛分布,加里东期、燕山期和喜马拉雅期基性—酸性(局部超基性)喷发岩、侵入岩偶尔见及,且多分布于东部和南部边缘一带,以及德保县钦甲、红泥坡等地。

根据沉积建造、岩浆活动及构造变形等特征,该三级构造单元可进一步划分为南盘江-右江裂谷盆地、富宁-那坡陆缘沉降带、十万大山断陷盆地3个四级构造单元。

(二)华南新元古代—早古生代造山带(Ⅳ-5)

广西华南新元古代—早古生代造山带指峒中—小董—藤县—梧州—贺街——鹰阳关一线南东地区。造山带内云开地区出露前寒武纪基底,具双层结构特征,下为古中元古代天堂山岩群(约1800Ma)深层次结晶基底(含>2000Ma的新太古代结晶基底或古陆块),为广西时代最老的地层,属古华夏陆块的重要组成部分;上为中新元古代云开群的浅变质褶皱基底。四堡期—加里东期,本区呈现多岛洋发展格局,构成罗霄-云开弧-盆体系,志留纪末加里东运动使该弧-盆体系主体关闭,钦州、玉林一带残留洋盆延至晚古生代。之后由于古特斯洋东扩,云开地区北西缘原钦州残留洋盆区域再度下沉,广泛接受了泥盆纪—早三叠世浅海—深海相陆源碎屑岩、碳酸盐岩、硅质岩沉积;东北部沿梧州-鹰阳关断裂在信都、贺街一线发生断陷,接受一套早—中泥盆世陆表海碎屑岩、碳酸盐岩和晚泥盆世台沟相硅质岩沉积。中三叠世末的印支运动使本区盖层褶皱成陆。燕山期以来,本区以断块活动为特点,沿断裂带多期次岩浆侵入、喷发活动强烈,中、新生代北东—北东东向走滑拉分-断陷盆地发育。北部湾地区强烈下陷,相继堆积了古近纪—第四纪复陆屑建造。

根据不同时期的沉积建造、构造活动特点,该二级构造单元可划分3个三级构造单元。

1. 钦防结合带(Ⅳ-5-1)

本区分布于峒中断裂与陆川断裂之间的钦州、防城港、玉林一带，是古华南洋最终消亡的场所，主要由古生界—下三叠统组成。奥陶系、志留系为滨浅海—深海盆地复理石碎屑岩沉积，含 MORB 型、OIB 型基性—中基性火山岩建造，具多岛洋构造格局特征，局部发育滑塌浊积岩，厚近万米。志留纪末的广西运动，使海盆往西南退缩，盆地周缘早泥盆世莲花组与下伏寒武系呈角度不整合接触，盆地东北部岑溪一带莲花山组与防城组为平行不整合接触，钦州一带早泥盆世钦州组与志留纪防城组为连续沉积，直至早泥盆世布拉格早期小董组呈不整合覆盖于钦州组之上，才宣告该造山运动最终结束。

继早泥盆世布拉格期短暂暴露后，本区快速沉陷。晚古生代以深水盆地相含锰硅质岩沉积为主，盆地东北部、东南缘发育台地相碎屑岩和碳酸盐岩沉积。中二叠世末发生的东吴运动，使本区整体抬升，海水变浅，盆地东南缘暴露。晚二叠世盆内转为滨岸碎屑岩沉积，东北部发育含煤和碳质泥岩建造，东兴、钦州至小董一带上二叠统底部发育一套数百米厚的粗碎屑低水位楔。晚二叠世末发生苏皖上升运动，除防城那梭—灵山一带北东向断裂带附近有小面积的滨岸碎屑岩沉积外，其余地区均无沉积记录。中三叠世末的印支运动，使晚古生代—早三叠世盖层发生褶皱、冲断叠复隆起。中、新生代，本区以断块活动为主，沿断裂带形成众多的陆相上叠盆地。

区内岩浆活动强烈，以晚海西期—印支期酸性岩浆侵入为主，形成大规模的构造花岗岩带。

区内主体构造线方向为北东—北东东向，局部为近东西向。古生界至下三叠统多为紧密线状或倒转褶皱，陆相盆地多为平缓开阔向斜。本区断裂十分发育，尤以钦州-灵山、博白-岑溪冲断带最为突出，具多期活动特点，控岩控盆控震作用显著，是广西现代地震的主要活动区。

根据沉积、岩浆活动、构造特征，钦防结合带可进一步划分为钦防残留洋盆、六万大山岩浆弧及博白-岑溪俯冲增生杂岩带 3 个四级构造单元。

2. 罗霄-云开弧盆系(Ⅳ-5-2)

本区位于陆川-岑溪-梧州断裂和梧州-鹰阳关断裂东南侧，是华夏陆块群的主要组成部分。

前丹洲期基底出露于云开地区，具双层结构特征，古元古代天堂山岩群为深层次结晶基底，以碎屑复理石建造为主，属表壳岩系，主要经吕梁挤压运动、四堡期伸展滑脱剪切引起的角闪岩相区域动热变质作用，深变质为片岩、变粒岩和片麻岩，厚近 2000m；其上为中新元古代云开群的绿片岩相浅变质褶皱基底，为活动大陆边缘多岛弧盆体系下的碎屑复理石夹基性火山岩建造，厚度超过 2000m。丹洲纪—寒武纪地层主要分布于梧州—鹰阳关一带，为次深海—深海复理石浊积岩夹少量硅质岩、中基性火山岩建造，厚度超过 6000m；经郁南运动，本区整体隆升。奥陶系、志留系小面积零星分布，主要见于南部梧州、岑溪博白龙潭一带，为浅海—次深海碎屑复理石建造。晚古生代盖层泥盆系、石炭系，主要分布于本区西南端和信都—贺街一带，由滨岸碎屑岩-浅海碳酸盐岩-台沟(盆)相硅质岩组成。中生代以来，沿区域性北东东—北东向断裂和北北东向断裂发育中—新生代上叠或继承性陆相拉分-断陷盆地，盆地内沉积复陆屑、类磨拉石夹酸性火山岩建造。

区内岩浆活动具多幕次喷发和侵入的特点。元古宙有基性—超基性火山岩分布，燕山期有酸性火山岩分布，四堡期—燕山期发育中酸性花岗岩岩体、花岗闪长岩岩体，除燕山期岩体之外，其余各岩体已深变质成片麻状或眼球状花岗岩或花岗闪长岩。

本区褶皱、断裂发育，构造线方向在北东部为北北东向，在南西部为北东东—北东向。吕梁期仅见露头尺度上的顺层固态流变褶皱，四堡期主要为紧密线状褶皱，由于被岩体和断裂所破坏而保存不全。加里东期、印支期主要发育中常褶皱；中—新生代陆相盆地多为平缓开阔向斜。断裂发育，前印支期断裂以韧性变形为主，印支期断裂具脆—韧性变形特征，燕山期以来断裂以脆性变形为主，其中陆川-岑溪、梧州-鹰阳关断裂多期次活动特征明显。云开地区尚发育四堡期—加里东期天堂山变质核杂岩构造。

根据沉积、岩浆活动、变质变形等特征，罗霄-云开弧盆系可进一步划分为罗霄岩浆弧、云开岩浆弧 2 个四级构造单元。

3. 北部湾坳陷(Ⅳ-5-3)

本区包括北部湾、合浦及广东的雷州半岛，是南海北部大陆架西部的一个以新生代沉积为主的盆地，由一系列长轴方向为北东东向的半地堑平行排列而成，地堑中心大致在涠洲岛西南一带，最大沉降深度大于 8000m。盆地基底由古生代和中生代褶皱和岩体组成。新生代以前，本区自西而东横跨六万大山隆起、博白俯冲增生杂岩带及云开岩浆弧。区内古近系、新近系及第四系发育，其中前两者大部分淹没在海水之下，钻探表明厚达 3500m，地震解译为 6000m；第四系厚数十米至百余米。

盆地主要为走滑拉分盆地，受北东—北东东向(主要)、北西—北北西向(次要)两组断裂所控制。古新世—始新世构造活动相对平静，以隆升剥蚀为主。始新世中期，随着南海盆地的右行走滑拉分断陷，区内发育北东东向合浦陆相走滑拉分盆地，接受河湖相复陆屑砂砾岩、含煤泥页岩沉积。古近纪末发生喜马拉雅运动Ⅰ幕，湖盆干涸萎缩，结束沉积，始新世中期—渐新世地层发生褶皱变形，先存的控盆北东—北东东向断裂反转为左旋走滑逆冲活动。

在中新世中—晚期，随着南海盆地由始新世中期—中新世早期右行走滑拉分裂谷转为后裂谷沉降阶段(许浚远和张凌云，1999)，先存的北东—北东东向主控盆断裂转为左旋走滑剪切兼断陷活动，形成一系列北东东向往南陷落的半地堑断陷盆地：北海南康盆地有河湖相盆地、北部湾滨海相盆地，盆内均为碎屑岩沉积，其中前者含砾质、上部夹煤线和高岭土建造。新近纪末的喜马拉雅运动Ⅱ幕，使盆地隆升，发生轻微褶皱和断裂。

中新世晚期以来，随着北东—北东东向主控盆断裂再度反转为右旋走滑拉分活动，北部湾盆地整体以热沉降为主兼有弱的拉分作用。在更新世早期滨浅海相砂砾层、淤泥堆积后，中晚期断陷加剧，合浦新圩烟墩岭和北海涠洲岛、斜阳岛一带沿北西向、北东—北东东向断裂带中基性火山强烈喷溢(1.42～0.72Ma)，盆内接受上更新统一套含地震成因的同沉积变形构造的海底火山沉积。晚更新世后期，出现全球性大海退，盆地暴露并间歇性抬升，更新世沉积形成两级海蚀阶地。距今约 7000a 至中全新世晚期，全球性气候转暖，冰后期海面迅速上升，产生普遍的大规模海侵，涠洲岛、斜阳岛仍处于风化剥蚀状态，在海岸附近形成海蚀崖等地貌特征。

第二节　地貌与新构造运动特征

一、地貌特征及分区

广西四面环山，为山地丘陵环绕，地貌上被称为“广西盆地”，按盆地轮廓可以分出盆地边缘山地、盆地内部弧形山脉、中部及南部河谷平原三大部分。

(1)广西盆地边缘山地可分为四部分(杨景春等，1993)：①桂北山地部分与湘西南山地——都庞岭、萌渚岭等相连，部分为黔中高原的边缘斜坡，地势由北向南递降，一般海拔为800～1300m，最高峰海拔可超过2000m；②桂西山地为云南高原的边缘山地，由于受强烈的抬升和切割影响，地貌反差强烈，形成山原，海拔为1000～1500m；③桂西南喀斯特高原，以喀斯特地貌为特征，西与越北高原连为一体，海拔为600～1200m，最高峰海拔达1300m；④桂东、桂东南山地以云开大山、六万大山、十万大山等为主体，以断块山为特征，走向北东，一般海拔为500～1200m，个别山峰海拔超过1500m。

(2)广西盆地内部弧形山脉西翼由都阳山和大明山等组成，走向北西，海拔为500～1000m；东翼主要为大瑶山系，走向北东，海拔为700～1500m，最高峰海拔近2000m。东、西两翼接连于盆地中部的镇龙山，两翼皆由褶皱山、较大规模的逆掩断层和基本垂直于山体走向的横断层组成。由于岩性和外营力条件的不尽相同，两翼的地貌类型也有差别。西翼以喀斯特地貌为主，流水侵蚀地貌为辅；东翼则以流水侵蚀地貌为主，喀斯特地貌为辅。但在大面积可溶碳酸盐岩分布区，无一例外地都发育各种喀斯特地形，其发育程度取决于岩石的厚度、纯度、水的成分及新构造运动的性质与强度。弧形构造同时控制了盆地中次级构造地貌单元和水系的分布。它们大多与北东向或北西向两组断裂构造有关。这些断裂大体平行于弧的两翼，呈“X”形交错排列。

(3)广西中部及南部河谷平原包括中部柳州—来宾一带，南部的郁江-浔江谷地、钦江谷地、南流江谷地和玉林盆地，是广西境内最大的平原。它们又可分为两类：①冲积平原，如郁江-浔江谷地、钦江谷地、南流江谷地和玉林盆地等；②溶蚀平原，见于柳州—来宾一线，平原地势平坦，上面覆盖第四系红土层和近代河流冲积物。河流沿岸平原地势低平，柳州—来宾一带因溶蚀而成为缓波状起伏的台地。平原宽窄不一，多沿河流发育，呈长条状，最宽者达50km，海拔为40～80m。平原与弧形山脉以及盆地周缘山脉之间广布丘陵、低山，低山海拔一般为700～1000m，丘陵海拔一般在300m上下，分布于低山的边缘。

南部海域基本上是北部湾新生代裂陷盆地及其北缘的沿海地带，现今为陆架平原，海底面平坦略向南倾斜，水深5～50m。

根据不同地貌形态组合，除北部湾海域外，将广西陆地划分为9个地貌区：Ⅰ桂北变质岩断块中山区；Ⅱ桂东北中山和峰林石山区；Ⅲ桂中峰林石山和台地区；Ⅳ桂西高峰丛石山和中山山地区；Ⅴ西江谷地区；Ⅵ桂西南峰丛峰林石山和丘陵区；Ⅶ桂东南山地丘陵区；Ⅷ十万大山红色岩系断裂单斜中山区；Ⅸ桂西北山原山地区。各地貌区具体分布情况如图1-2所示。

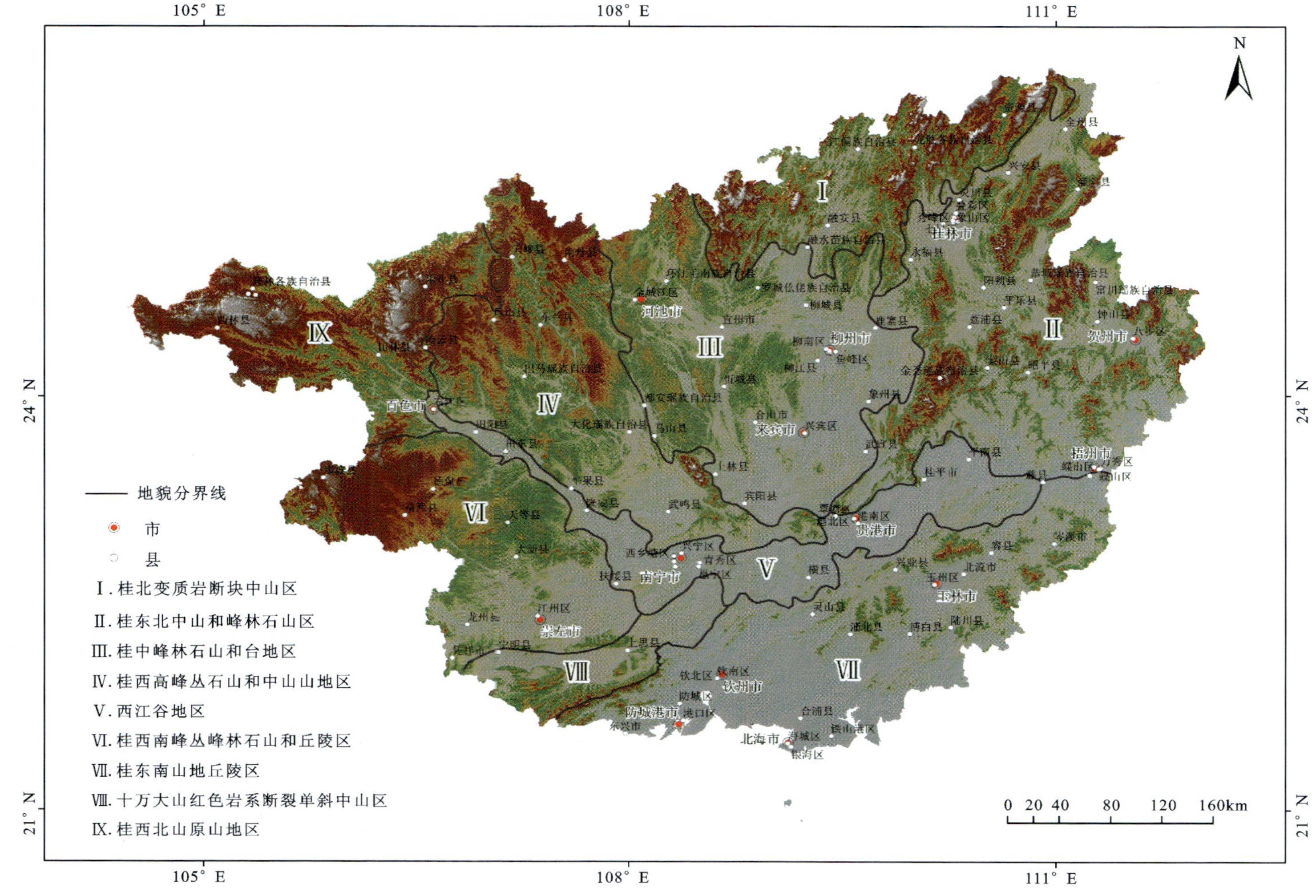

图1－2　广西壮族自治区地貌分区图(据中国科学院内部资料,1963修改)

二、第四系

广西第四系较发育，分布较广，按成因可分为陆相沉积和海相沉积，以陆相沉积为主。陆相沉积又可进一步分为河流冲积、洞穴堆积、残积、洪积、冲洪积等。陆相沉积主要沿北东向或北西向区域性断裂带以及大江、大河分布；海相沉积主要沿海分布于钦州、北海、合浦以及防城港等地。从晚更新世至全新世代表性第四系地层（表 1－2）描述如下。

现代河床、河漫滩沉积层：主要由砾石、砂、黏土等组成，成分和厚度随地而异，局部地区产砂锡、砂金等矿产。沉积物厚度小于 10m。现代洞穴堆积，即位于地下的一些洞穴中有近代砂、砾、黏土的堆积。

全新世地层：主要包括迁江组（洞穴堆积）和桂平组（河流冲积），其中迁江组洞穴堆积物除石钟乳、石笋外，常有灰色、灰黄色、黄红色黏土、砂。据文化层中蚌螺及动物骨骼（桂林市甑皮岩）^{14}C 测定，堆积年代距今 10 990～7850a；对文化层之上的钙华板取样进行^{14}C 测定，年代距今 6600～3370a。桂平组剖面一般显示出二元结构，下部为砂砾层，上部为砂土、黏土层，多夹炭泥层，含植物化石。桂平组化石有水松、酸枣等植物化石，以及甲虫动物化石和哺乳动物化石，柳州市附近该组保存有石斧和陶片等。桂平组^{14}C 年龄值为（10±0.14）～（8±0.09）ka。

晚更新世地层：主要包括新兴组（洞穴堆积）、望高组（河流冲积）和江平组（滨海沉积），其中新兴组洞穴沉积物有红黄色、灰黄色黏土，以及灰岩、燧石等角砾，具钙华板数层，发现柳江人、来宾人化石，还有大熊猫、剑齿象、中国熊、真象、犀牛、陆龟等化石。望高组分布广，组成二级阶地，岩性变化大。所含哺乳类动物化石中有华南“大熊猫-剑齿象动物群”的成分，含丰富的孢粉化石。泥炭层中碳化木^{14}C 测定，其形成年代距今 37.6～23.6ka。江平组分布于东兴市江平镇一带，为高于高潮线 3～6m 的沙堤。下部为灰白色、棕黄色花斑状砂砾层，往上砾石减少，并含褐铁矿团块；上部为浅灰色细—粉砂层，厚 3～15.7m，富含植物孢粉化石，热释光（TL）测年结果为 36.2～34.4ka。

中更新世地层：主要包括太平组（洞穴堆积）、白沙组（河流冲积）和北海组（滨海沉积）。太平组洞穴堆积物主要为黄色黏土、砂质黏土，夹有岩屑和钙质结核等，厚度大者约 4m。白沙组分布较广泛，在主要谷地均可见及，组成三级阶地，沉积物呈红色、棕红色，在黏土层或砾石层上部往往有蠕虫网状构造，含丰富的孢粉化石，TL 测年结果为（418±0.2）～（321±0.16）ka，古地磁测年结果为 730ka。北海组分布于北海市及合浦西场至南康沿海地区，下部为黄色、棕黄色砂砾层，上部为棕黄色、棕红色及灰色黏土质砂层，含铁质结核及岩屑，含无患子科、苏铁属、香荔枝科、禾本科、蒿属、桃金娘科植物孢粉化石，TL 测年结果为 906.3～222ka。

早更新世地层：主要包括柳城组（洞穴堆积）和浔江组（河流冲积）。柳城组洞穴堆积分布于第四级溶洞中，该组底部为厚度不大的一层黏土，中部为多层砂质黏土层，时见有黏土球，局部见有斜层理，含丰富的哺乳类动物化石，顶部为厚度不等的石钟乳盖板。浔江组下部主要为黄色、棕红色砾石层，上部为黏土层。

表 1-2　广西壮族自治区第四系划分简表

统	沉积类型			考古及古人类	动物群
	洞穴	河流	滨海		
全新统	现代洞穴堆积	现代河床、河漫滩沉积	现代海滩沉积	历史文物	
	迁江组	桂平组	一级海积阶地，滨海沙堤沉积	陶器、新石器	
更新统	新兴组	望高组	江平组	柳江人、来宾人、旧石器	柳江动物群
	太平组	白沙组	北海组		巴马动物群
	柳城组	浔江组	?		柳城动物群

三、新构造运动单元划分

受云贵高原隆升和南海拉张影响，广西地区新构造运动复杂且多样。根据新构造运动类型、性质、强度、幅度等差异，同时结合广西新构造运动继承性特点，广西地区可以分为 3 个一级新构造分区，13 个二级新构造分区（表 1-3，图 1-3）。其中隆起区进一步分为 10 个二级新构造分区。

表 1-3　区域新构造分区表

一级新构造分区	二级新构造分区	
Ⅰ隆起区	$Ⅰ_1$桂北断块隆起区	$Ⅰ_6$桂西-越北断块掀斜隆起区
	$Ⅰ_2$桂东北断块隆起区	$Ⅰ_7$桂西南断块隆起区
	$Ⅰ_3$桂中轻微隆起区	$Ⅰ_8$六万大山断块隆起区
	$Ⅰ_4$桂西断块隆起区	$Ⅰ_9$云开大山断块隆起区
	$Ⅰ_5$平南-梧州断块隆起区	$Ⅰ_{10}$桂西北断块隆起区
Ⅱ升降区	$Ⅱ_1$北部湾西部倾斜升降区	
	$Ⅱ_2$北海倾斜升降区	
Ⅲ坳陷区	$Ⅲ_1$北部湾坳陷盆地区	

（一）隆起区（Ⅰ）

广西大部分地区属于隆起区，大致以先安、小董、包竹坪、妙楼、石湾、遂溪为界，即防城-灵山断裂带和百色-合浦断裂带为南界的以北地区（图 1-3）。

1. 桂北断块隆起区（$Ⅰ_1$）

该区的南边界是河池-宜州断裂带。该区在地貌上属于桂北变质岩断块中山地貌区。该区新构造运动以大面积整体强烈上升运动为主，并形成了一系列与断裂平行的断块山体，古近纪夷平面高达 1500～1600m。地势高耸，河流深切，河谷狭长，河流阶地多为基座阶地，阶地面发育差，反映新构造抬升快速。区内断裂以北北东向为主，如三江-融安断裂带和龙胜-永福断裂带。区内曾发生过 4 次 $M \geqslant 4\frac{3}{4}$ 以上的地震，最大震级为 5.5 级。

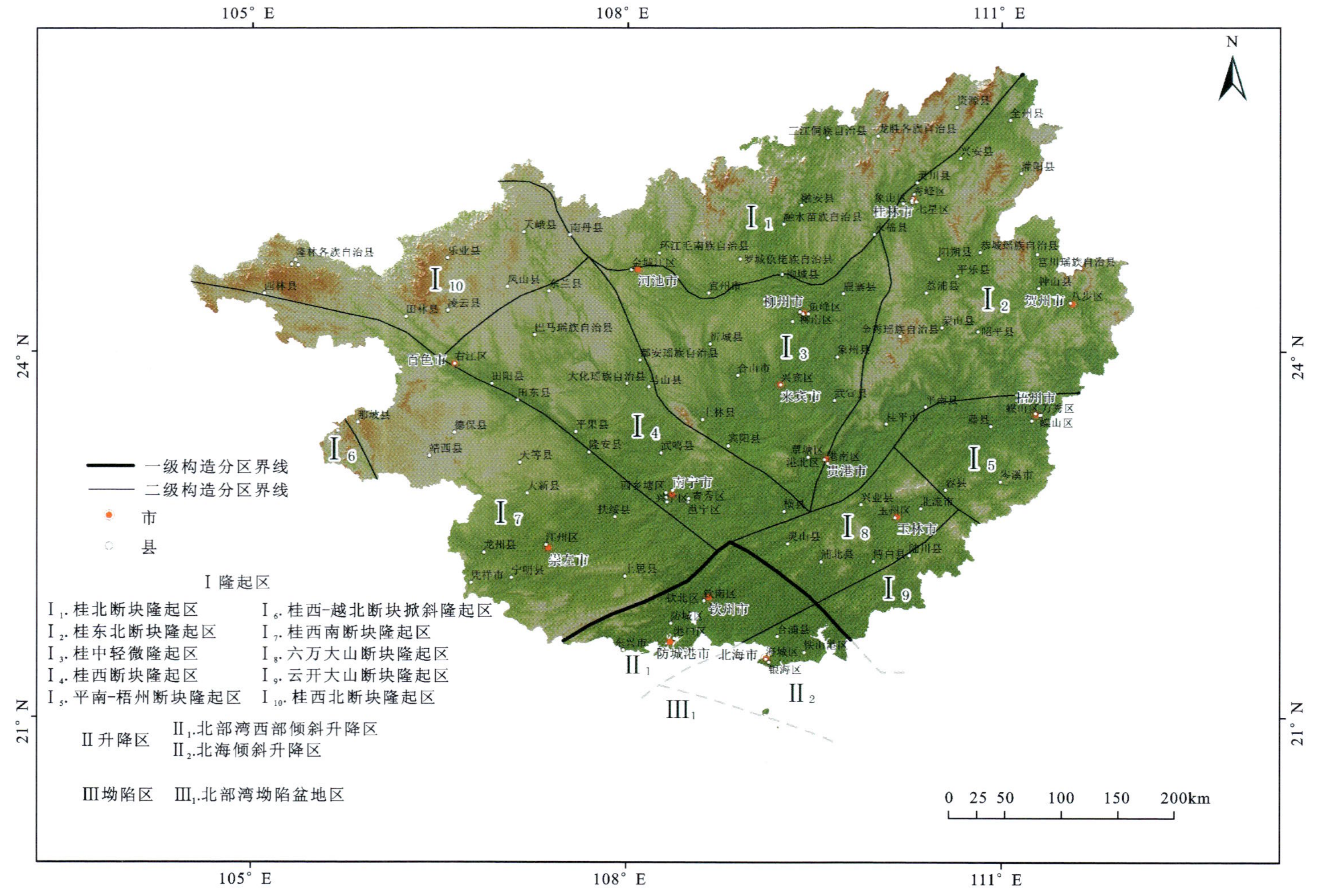

图 1－3　广西壮族自治区新构造单元划分图

2. 桂东北断块隆起区(I_2)

该区的西北边界为永福-武宣断裂带,东南边界为防城-灵山断裂带,西南边界为巴马-博白断裂带。该区在地貌上属于桂东北中山峰林石山地貌区。该区河谷发育有较宽阔的阶地。断裂以南北向或近南北向为主,主要有向西凸出的南北向弧形断裂。近南北向断裂带有永福-武宣断裂带、栗木-马江断裂带。区内曾发生 $M \geqslant 4\frac{3}{4}$ 的地震 9 次,最大地震记录为 2016 年苍梧 5.4 级地震。

3. 桂中轻微隆起区(I_3)

该区的北边界为河池-宜州断裂带,南边界为防城-灵山断裂带,东边界为永福-武宣断裂带,西边界为巴马-博白断裂带。该区在地貌上属于桂中峰林石山和谷地地貌区。该区新生代以来地壳以整体缓慢上升为主,红水河两岸发育有多层溶洞,四周为海拔 1000m 以上的山地,区内多海拔 600m 以下的丘陵台地,相对呈现出“盆地”地貌。新构造运动微弱,地形切割较浅,构造相对较稳定。区内除桂林-南宁断裂带中部段落外,没有较大的断裂。区内曾发生 M 为 $4\frac{3}{4}$～5.0 的地震 3 次,最大震级 5 级。

4. 桂西断块隆起区(I_4)

该区的东北边界为巴马-博白断裂带,西南边界为百色-合浦断裂带,西北边界为木论-东兰-逻楼断裂带,东南边界为防城-灵山断裂带。该区在地貌上属于桂西高峰丛石山中山山地地貌区。该区构造线以北西向为主,区内主要为高峰丛石山中山山地地貌,地貌受河流深切割。该区自北西往南东,层状地貌非常明显,可见 4 级侵蚀面。区内有多次 M 为 4.0～5.0 的地震记录,最大地震记录为 2019 年靖西 5.2 级地震。

5. 平南-梧州断块隆起区(I_5)

该区西侧与桂东北断块隆起区相接,西南侧以容县盆地为界,与桂东南断块隆起区、云开大山断块隆起区相接。区内基本为低山丘陵地区,海拔一般在 500m 以上,是防城-灵山断裂带和合浦-北流断裂带东北端汇聚的地区,以整体隆升为主要特征,活动断裂不发育。区内地震活动微弱。

6. 桂西-越北断块掀斜隆起区(I_6)

该区的东北边界为富宁-那坡-谅山断裂带,地貌上属于越北峰林石山和丘陵地貌区。断裂以北西向为主。由于断裂活动和云贵高原强烈抬升,产生间歇式掀斜式上升运动和断块差异运动,由北西到南东地貌依次为山原、中山、低山丘陵,发育有 4～5 级侵蚀或基座阶地,二级夷平面分布高程北西为 500～600m,往南东降低为 350～450m。该区历史上曾多次发生 $M \geqslant 4.7$ 的地震。

7. 桂西南断块隆起区(I_7)

该区的东北边界为百色-合浦断裂带,东南边界为防城-灵山断裂带,西南边界为富宁-那坡-谅山断裂带,西北边界为木论-东兰-逻楼断裂带。该区在地貌上属于桂西南峰林石山和丘陵地貌区及西江谷地地貌区西北部分。该区断裂以北西向为主。该区在向南东掀斜的同时,内部存在一定的差异活动。二级夷平面分布高程自北西 450～600m 往南东降为

350～450m。区内发生过多次 M 为 4.7～4.9 的地震。

8. 六万大山断块隆起区（I_8）

该区的西北边界为防城-灵山断裂带，东南边界为合浦-北流断裂带，西南边界为百色-合浦断裂带。该区在地貌上属于桂东南山地丘陵地貌区的东北部分，区内地貌以花岗岩、碎屑岩山地丘陵地貌为主，总体呈北东向条块状分布，河流呈北东-南西向展布。该区新构造运动较强烈，同时又有北西向断裂穿插其间，北东向的合浦-北流断裂带和防城-灵山断裂带是控制本区燕山运动以来地质地貌发育的主要构造，这反映在沿断裂走向发育的断块山和断层谷，如云开大山、大容山-六万大山、十万大山、南流江和北流江谷地、玉林盆地等，间歇性抬升主要反映在玉林盆地—南流江谷地一带，沿河谷或盆地发育高程分别为 80～100m（平顶丘陵，早更新世），60～80m（中更新世）、35～40m（晚更新世）和 10m 以下（全新世）的 4 级阶地。区内最大地震记录为 1936 年灵山 6¾ 地震。

9. 云开大山断块隆起区（I_9）

该区西北边界为合浦-北流断裂带，南边界为遂溪断裂带，北边界大致为容县、信宜一线。该区在地貌上属于粤西山地地貌区，云开大山为该区的主体。该区断裂以北东向为主。新生代以来，以断块隆起为显著特征，形成北东向断块山地，区内温泉发育。除局部地区外，新生界不甚发育。在区域内，历史上曾发生 $M\geqslant4.7$ 的地震 12 次，最大震级 6½ 级。

10. 桂西北断块隆起区（I_{10}）

该区的东南边界为木论-东兰-逻楼断裂带。该区在地貌上属于桂西北山原山地地貌区。该区新构造运动以强烈抬升为主，活动断裂以北东向、北东东向为主，高原峰林地貌突出，河流深切，并有回春现象。区内地震频率不高，但强度较大，最大地震记录为 1875 年6¾ 级地震。

（二）升降区（Ⅱ）

升降区是介于隆起区与坳陷区之间的一个过渡区域，其北边界是隆起区的南边界，东南边界为涠西南断裂带，并与坳陷区的西北边界交接（图 1－3）。该区的主要特点是晚新生代以来的不同时期具有间歇性升降运动。

1. 北部湾西部倾斜升降区（II_1）

该区的西北边界为防城-灵山断裂带，东北边界为百色-合浦断裂带，东南边界大致为涠西南断裂带，东南边界为莺歌海盆地 1 号断裂。该区包括钦江下游地区、北部湾西部及其海岸地带。该区在地貌上属于桂东南山地丘陵地貌区的西南部。该区主要河流为北东往南西流向，有 2～3 级河流阶地。古近纪，该区是涠西南断裂带的上升盘，是盆地沉积的物源区之一。新近纪以来，该区开始沉入海底。该区基岩顶面较平整，上覆数十米至数百米厚的新近系和第四系，厚度由北西向南东逐渐增大，海底面平坦且略向南东倾斜，水深 5～50m，成为陆架平原。海岸地带存在海蚀阶地和海积阶地。这些表明该区具有间歇性倾斜升降活动的特点。一等重复水准测量显示，1956—1966 年，上升量最大处在那丽和钦州；1966—1972 年，在那丽至小董出现反向变化，形成下降中心；1972—1977 年，那丽以东较平稳，以西上升，上升量最大处在小董；1976—1977 年，那丽以东个别地段有变化，合浦附近上升量最大，为 5.5mm，那丽以西显示下降；1976—1978 年，那丽以东与 1976—1977 年测段做反向运动，那丽以西至小董一段呈趋势性上升，上升量最大处在水流垌村，为 4.8mm。该区 1988 年发生过 5.0 级地震。

2. 北海倾斜升降区（Ⅱ$_2$）

该区西北边界为合浦-北流断裂带，东北边界为百色-合浦断裂带，南边界位于遂溪断裂带往西的延长线上。该区在地貌上属于粤西山地地貌区的西南部，河流主要是自北向南流，汇入北部湾。当地主要构造是南康盆地。古近纪初，南康盆地处于隆起状态。新近纪，南康盆地在北东向断裂和北西向断裂的联合作用下也发生下沉，并接受沉积，南流江盆地和南康盆地合为一体，两个盆地的沉降一直延续到中更新世。盆地在下沉过程中曾在早更新世末有过短暂的上升，发生轻微的构造变动，造成湛江组与北海组之间存在一个很小角度的不整合。该区有多次 M 为 2.0～3.5 的地震记录，最大地震记录为 1987 年的 3.4 级地震。

（三）坳陷区（Ⅲ）

该区的西北边界为涠西南断裂带，北边界为遂溪断裂带（图 1-3）。晚新生代以来，该区在垂向上主要表现为负向运动。至第四纪，该区以东的雷琼地区才开始抬升。

北部湾坳陷盆地区（Ⅲ$_1$）

该区基本上是北部湾新生代裂陷盆地及其北缘的沿海地带。现今为陆架平原，海底面平坦略向南倾斜，水深 5～50m。北部湾盆地区在古近纪时，发育一系列北东—北东东向断裂及其控制的断陷盆地，其北缘是斜坡地带。断陷盆地中堆积以河湖相沉积为主的陆相地层。新近纪以来沉积中心南移，位于海中凹陷和乌石凹陷，厚 2000m 左右。控制盆地边界的涠西南断裂带和盆地的北东东向断裂有所活动。区内 1994 年发生过 6.0 级地震，1995 年发生过 6.1 级地震。

四、新构造运动与地震活动的关系

根据区域新构造运动、地震活动并结合地震构造基本特征综合分析，对区域及邻区新构造运动与地震的关系有如下认识。

（1）强震主要发生在规模较大的新构造边界构造带上活动幅度也较大的地段，其余地段震级相对要小一些。这些地段一般有第四纪以来活动的横向断裂交会，如 1936 年灵山 6¾ 级地震发生在防城-灵山断裂带差异活动幅度最大的罗阳山北麓，1605 年遂溪 6 级地震发生在雷琼断陷北边界遂溪断裂带断陷幅度最大的东段。

（2）中强地震震中多位于新构造分区的边界带或次级边界附近，如百色-合浦断裂带上有 5 次 4.5～5.0 级地震。

（3）北西向和北东向断裂带是主要的发震和控震构造，它们的交会部位是中强地震发生的有利部位，如 1936 年灵山 6¾ 级地震、1990 年北部湾 6.1 级地震、1992 年北部湾 6.2 级地震。

第二章 断裂活动特征

广西范围内的断裂构造是在新近纪以前形成的继承性断裂，在第四纪重新活动，按走向可分为北东向、北西向、北北东向、近南北向和东西向5组断裂（图2-1）。

第一节 北东向断裂

该组断裂主要分布在凭祥—南宁一线以东地区。总体走向40°～50°，呈舒缓波状延伸，规模宏大，长度一般大于100km，往北东方向延出区外。断裂形成于加里东期，是长期活动的断裂，第四纪重新活动。据测年资料，断裂带在中更新世有过明显的强烈活动，个别断裂的局部段落在晚更新世仍有活动。前新生代或更早期间，断裂表现为左旋剪切-挤压的力学性质，之后力学性质发生改变，表现出右旋剪切-引张的力学性质。根据新生代盆地的发育史和切割它们的断裂性质，可能在新近纪以后断裂表现为右旋剪切-挤压的力学性质。断裂带发育有中—新生代断陷盆地和第四纪槽地（谷地），并有温泉出露。主要断裂有桂林-南宁断裂带、防城-灵山断裂带、合浦-北流断裂带、涠西南断裂带、涠西南凹陷北缘断裂带、海中凹陷北侧断裂带、贺街-夏郢断裂带、宾阳-大黎断裂带、荔浦断裂带、灌阳-衡阳断裂带、全州断裂带、更新-凌云-那能断裂带和木论-东兰-逻楼断裂带。

一、桂林-南宁断裂带

该断裂带西南起越南境内，经来宾、柳州、桂林，进入湖南，总长度650余千米。断裂带总体走向45°，在柳州以北断面多倾向北西，柳州以南多倾向南东，倾角30°～60°。断裂带在布格重力异常图上有显示。断裂带由数条大致平行的断裂组成，宽数千米，切割寒武系—古近系，断距大者可达1000余米。断层破碎带宽数米至数十米，带内挤压透镜体、角砾岩、糜棱岩、硅化、片理化和擦痕等构造现象发育。该断裂带是长期活动的继承性活动断裂，新生代以来有明显活动。它控制广西大的地貌轮廓及新生代盆地的分布。断裂带以西以中低山为主，东部以低山、丘陵、平原区为主，新生代盆地较发育。沿断裂带形成串珠状的第四纪盆地和谷地，有的地方断裂控制盆地的边界。断裂活动在一些地方使同级地貌面高度出现差异。

该断裂带分别在宾阳、南宁西南部被北西向的巴马-博白断裂带和百色-合浦断裂带切断。其中，宾阳往北东方向，在来宾的西北侧有间断，因而可以划分为桂林—来宾段、来宾—宾阳段。巴马-博白断裂带与百色-合浦断裂带之间所夹持的段落具有独立性，可划分为思陇—南宁段。百色-合浦断裂带西南侧，断裂连续性好，划分为南宁—凭祥段。桂林—来宾段有右旋走滑特征；来宾—宾阳段为逆断性质，倾向南东；思陇—南宁段为逆断性质，倾向南东；南宁—凭祥段为逆断性质，倾向北西。

1. 桂林—来宾段

该段断裂通过地区呈现狭长的断裂谷地，成为湘桂走廊，并有一系列上升泉分布和温泉出露。取断层物质做 TL 年代测试，年龄为距今 270ka，表明断裂在中更新世中期有过明显活动。第四纪以来，具逆断-右旋走滑特征。灵川断裂是该段的主要断裂。在秧塘圩南东 2km 的泥盆系灰白色厚层灰岩中发育断层、节理，断裂影响宽度约 8m，断面清楚（图 2-2），测得断面产状为315°∠69°，一组节理产状为312°∠58°。断面走向北东，倾向北西，面上有红褐色铁质及灰色钙质充填，厚约 10cm，发育擦痕和阶步，显示断层性质为右旋走滑。在西岔北西 500m 的石炭系浅灰色、土黄色薄层粉砂质泥岩中发育宽约 40m 的构造破碎带（图 2-3），内部岩层多劈理化，局部透镜体化。主断面（308°∠48°、280°∠40°）走向北东或北北东，倾向北西或北西西，断面上多有铁质充填，并发育构造透镜体，大小 2m×0.5m，发育牵引褶皱，显示性质为逆断；次级断面（311°∠29°，316°∠36°）切错岩层，错移距离达 1m，根据标志层错移或牵引褶皱判断其性质为逆断。

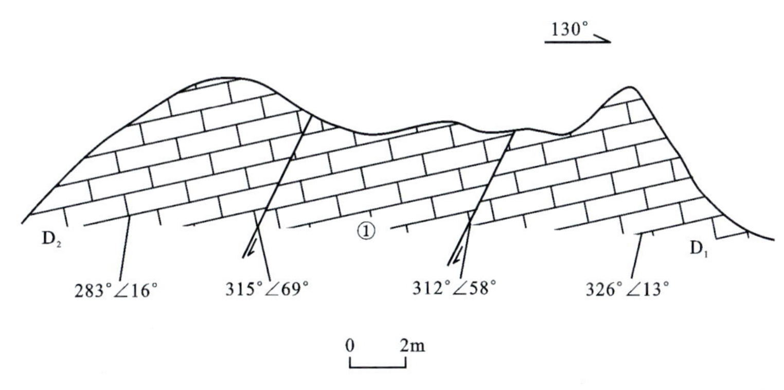

①灰白色厚层灰岩

图 2-2　灵川断裂（秧塘圩南东）构造剖面图

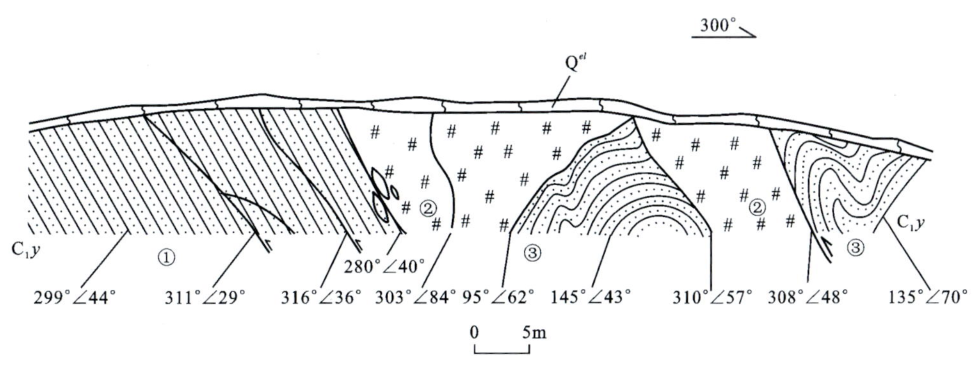

①浅灰色薄层粉砂质泥岩；②破碎带；③土黄色薄层粉砂质泥岩

图 2-3　灵川断裂（西岔北西 500m）构造剖面图

2. 来宾—宾阳段

桥巩-三林断裂是该段断裂带的主要断裂。断裂在卫星影像显示局部地段控制河流的发育和第四系沉积边界。断裂经过塘圩、桥巩、古瓦等地，长46km。在古瓦水库东可见断裂露头(图2-4)。破碎带宽约30m，内部有多期活动形迹。早期以挤压为主，表现为方解石胶结的灰岩角砾岩、碎裂岩。后期表现为节理密集发育带，节理切入早期的角砾岩，节理倾向南南东，节理面上有褐黄色铁质薄膜覆盖。本露头发育在孤峰的中部，表明断裂在早—中更新世有一定程度活动。断裂通过的大部分地方有红土覆盖。根据广西壮族自治区地质矿产局的调查和研究(1985)，碳酸盐岩上的红土堆积可能为更新世的产物。黄镇国等(1996)的研究表明，我国南方地区各种岩性上的红色风化壳发育时期主要为早—中更新世。由于大部分地区的红土层和红色风化壳未被错切，综合地貌、地层和地质现象推断，该断裂为早—中更新世断裂。

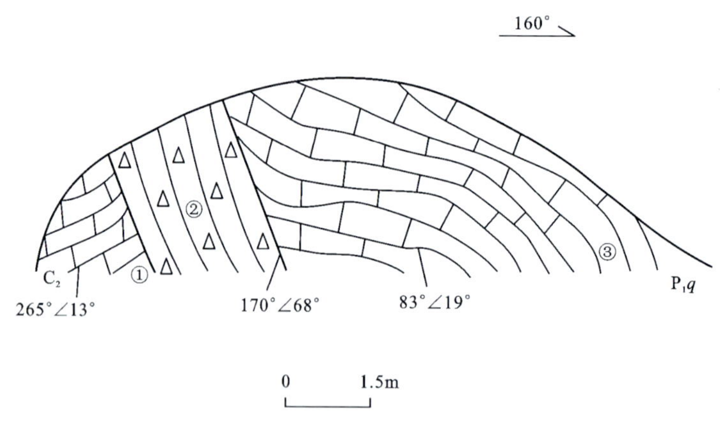

①中厚层灰岩；②节理发育的破碎带；③灰色中厚层灰岩

图2-4 桥巩-三林断裂(古瓦水库东)构造剖面图

3. 思陇—南宁段

伏林断裂是该段断裂带的主要断裂。断裂全长约20km，经过梁伯、桥溪、伏林、坡利、林琅等地，走向北东，倾向东南，倾角80°，主要发育于泥盆系之中，为一逆断层。在坡利北东300m处，可见断层角砾岩出露(图2-5)，角砾岩带宽5～10m，角砾大小1～3cm，被肉红色方解石胶结。沿断裂带，可见断面几乎陡立，带内角砾被挤压，形成似扁豆状。断裂经过处线性负地形地貌明显，断裂走向与山体走向近乎一致。在伏林至梁伯段，断裂为中低山与溶蚀洼地分界线。断裂上有褐红—褐黄色黏土覆盖，未见断裂切入。由于大部分地区的红土层和红色风化壳未被错切，根据广西壮族自治区地质矿产局(1985)和黄镇国等(1996)的调查和研究工作，综合地貌、地层和地质现象推断，该断裂为早—中更新世断裂。

4. 南宁—凭祥段

罗白-邕拎断裂是该段断裂带的主要断裂。沿断裂带显示地层缺失，压劈理发育，具糜棱岩化或硅化，两侧地层有牵引拖拽现象。该断裂不仅控制南、北两侧构造线的展布，而且

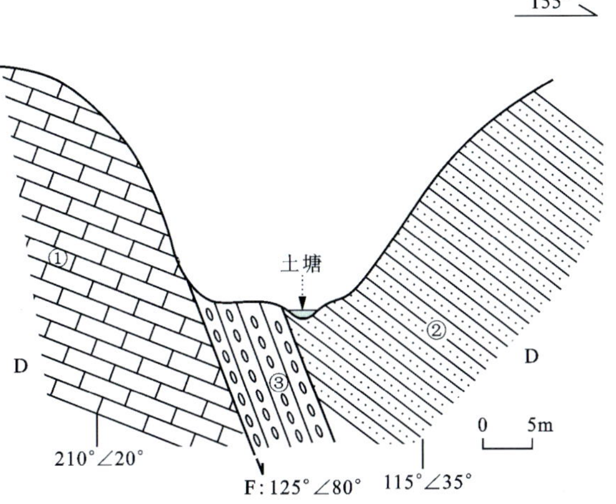

①中厚层灰岩;②中厚层泥岩;③构造透镜体

图 2-5 伏林断裂(坡利北东 300m)构造剖面图

对两侧早三叠世的沉积建造和岩浆活动也有明显的控制作用,可见该断裂形成时间应早于印支期,同时该断裂又切过早白垩世及古近纪地层,说明它在燕山期、喜马拉雅期仍有活动。新构造运动期间,该断裂具一定的活动性,主要表现在:断裂两侧同级剥夷面高度存在明显差异;线状负地形地貌明显,断裂带经过处为低丘或缓丘,两侧则为断层崖或断层陡坎;沿断裂带有少量温泉出露。同时,在该断裂带两侧,现代地震活动差异明显,桂西北强震地震构造区与桂东南强震地震构造区于此分界。在扶绥南 5km(陆空西南 1km)可见破碎带(图 2-6)。破碎带发育在泥盆系硅质砂岩中,宽约 40m,内部构造透镜体发育,已硅化,两侧岩层强烈揉皱。断面倾向北西,旁侧岩层有牵引构造。综合判断,该观察点的断裂为逆断性质。断裂上覆一层褐黄—红黄色黏土。该区红土层和红色风化壳未被错切。综合地貌、地层和地质现象,推断该断裂为早—中更新世断裂。

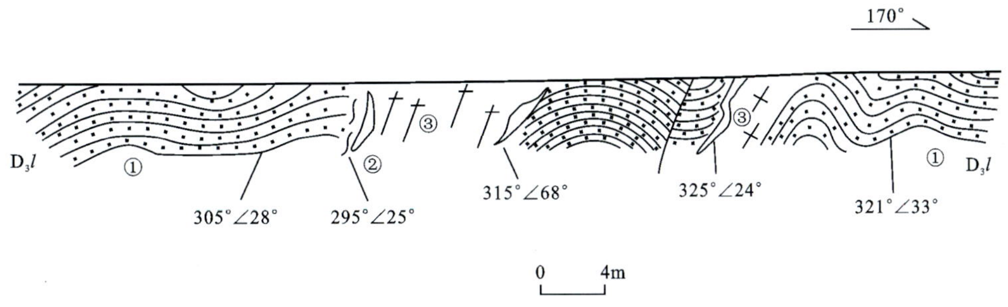

①硅质砂岩;②构造透镜体;③破碎带

图 2-6 罗白-岜拎(扶绥南 5km)断裂构造剖面图

综上所述,桂林-南宁断裂带为早—中更新世活动断裂。沿桂林-南宁断裂带,有少量地震发生,历史上在断裂北东段的灵川和南西段的宁明各发生 1 次 4¾ 级地震。

二、防城-灵山断裂带

该断裂带西南起自越南境内，往东北经钦州、灵山至藤县西，呈舒缓波状延伸，全长约350km，总体走向40°～50°。大致以寨圩为界，南西段倾向以北西为主，北东段倾向以南东为主，倾角40°～80°。沿断裂带显示北东向布格重力异常梯度带，并有分段性，同时还显示串珠状磁异常带。沿断裂带有不同时代的中酸性岩体侵入，属上地壳(硅铝层)深断裂。新生代以来，断裂有明显的活动，并表现出右旋剪切-引张的力学性质，沿断裂带形成构造谷地，两侧地貌反差强烈。该断裂带在小董(大垌附近)和寨圩分别与百色-合浦断裂带和巴马-博白断裂带相交，形成3个基本的大段落，即防城—大垌段、大垌—寨圩段、寨圩以北段。周本刚等(2008)又在该基础上进行了更详细的划分。以下对防城-灵山断裂带的分段仅限于断裂的活动性分段，即根据断裂的长期活动差异进行分段(图2-7)。根据沿防城-灵山断裂带调查获得的基础资料，在进行活动性分段时考虑以下几个因素：①断裂带的地貌差异；②断裂带与晚中生代—新生代盆地的关系；③断裂带内断裂的活动性差异；④地震活动的差异；⑤断裂带与北西向断裂带的关系。根据上述的分段原则，把防城-灵山断裂带分为防城—大垌段、平吉—陆屋盆地段、灵山段和寨圩以北段4个段落。以下简述各段的构造和活动特征。

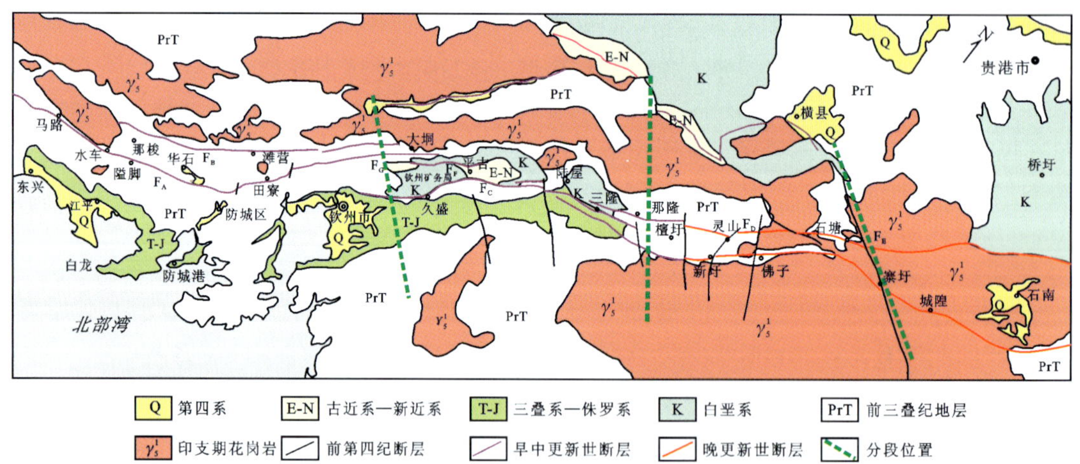

F_A.防城-大垌断层；F_B.那浪-大垌断层；F_C.平吉-陆屋盆地南缘断层；F_D.三隆-石塘断层；F_E.灵山断层；F_F.大垌南断层；F_G.钦州矿务局断层

图2-7 防城-灵山断裂带分布与活动性分段图(据周本刚等，2008)

1. 防城—大垌段(南段)

防城—大垌段为大垌以南的防城-灵山断裂带，其北边界为北西向的百色-合浦断裂带(马杏垣，1989)。该段主要发育在早古生代浅变质砂岩、粉砂岩和泥岩中，主要包括防城-大垌断层和那浪-大垌断层。该段长约150km。地貌上，防城-大垌断层(F_A)和那浪-大垌断层

(F_B)之间为那梭侵蚀洼地，该洼地中的地层岩性为二叠纪粉砂岩和泥岩，抗风化能力较周围的志留纪、泥盆纪浅变质略有硅化的砂岩、粉砂岩差。断裂带内主要为强烈揉皱变形的硅质粉砂岩、泥岩，一些平直断裂面上的碎裂岩和断层泥已经胶结成岩，构造形迹主要为印支期的挤压揉皱变形，变形程度自北向南减弱。地震活动弱，没有3级以上地震发生。该段断裂为早—中更新世断裂。

2. 平吉-陆屋盆地段(中段)

该段的南端是平吉盆地的西南端，东北端为陆屋盆地的东北端，包含平吉-陆屋盆地南缘断层(F_C)、钦州矿务局断层(F_G)、大垌南断层(F_F)以及三隆-石塘断层(F_D)的西南端，长约60km。平吉-陆屋盆地南缘断层(F_C)控制了平吉、陆屋两个晚中生代—新生代沉积盆地的东南边界，地貌上线性特征较为明显，局部地段在山前呈平台地貌(陆屋南)，切割白垩纪地层。钦州矿务局断层和大垌南断层发育在晚中生代—新生代地层中，不仅错断邕宁群砂岩、泥岩，也使得在邕宁群中形成紧闭的不对称褶皱，褶皱的东南翼直立甚至倒转。断层物质测年结果显示，该段断裂在中更新世有过活动，被中更新世晚期—晚更新世地层覆盖，为早—中更新世断裂。

3. 灵山段(中北段)

该段南起那隆，向北东经坛圩、灵山、石塘，止于北西向的寨圩断裂(巴马-博白断裂带中的一条断裂)，长约55km，包含西侧三隆-石塘断层(F_D)和东侧灵山断层(F_E)。西侧三隆-石塘断层西南端发育在白垩纪地层中，其余部分发育在古生代和印支期花岗岩中，大地貌上构成山区和灵山侵蚀洼地的分界，微地貌上没有显示，被晚第四纪(全新世)以来的坡积物覆盖。断层物质测年结果显示，该断裂在早—中更新世有过活动。东侧灵山断层南段在地貌上没有明显显示，但有清晰的断面和未成岩的断层泥，在早—中更新世有过活动。东侧灵山断层北段(F_{E-2})在罗阳山北麓有清晰的地貌显示，中更新世晚期—晚更新世冲洪积扇上存在断裂槽地、跨断裂的水系发生右旋偏转的现象，中更新世洪积扇砂砾石层中发现断裂的迹象。该段发生过3次5级以上的地震，最大地震为1936年6¾级，小地震分布密集。李细光等(2017a,2017b)研究认为，发生于该段的1936年6¾级地震形成了长12.5km的地表破裂带，最大水平位移量为2.9m，最大垂直位移量为1.02m(图2-8)。破裂带有多种形式，如地震陡坎、地裂缝/陡坎[图2-8(d);李细光等,2017a]。断裂表现为右旋走滑兼正断性质，推测为全新世活动断裂。考虑到沿三隆-石塘断层和灵山断层南段(F_{E-1})也有成带分布的中小地震，并且其南端有规模大一些的北西向断裂，而该北西向断裂以南的中小地震活动较少，因此，把那隆以北至寨圩段统一划分为一个活动段。

探槽LSTC01和LSTC03揭露其所处的灵山断裂北段从距今40 000a以来至少发生过4次较强的地震事件(图2-9、图2-10)，其中3次为古地震事件，1次为历史地震事件(即1936年6¾级地震)。各地震事件分别发生在距今>36 300a、约25 000a、约13 090a、80a(表2-1)。这些地震事件都有较清晰的断层错动或扰动地层标志。

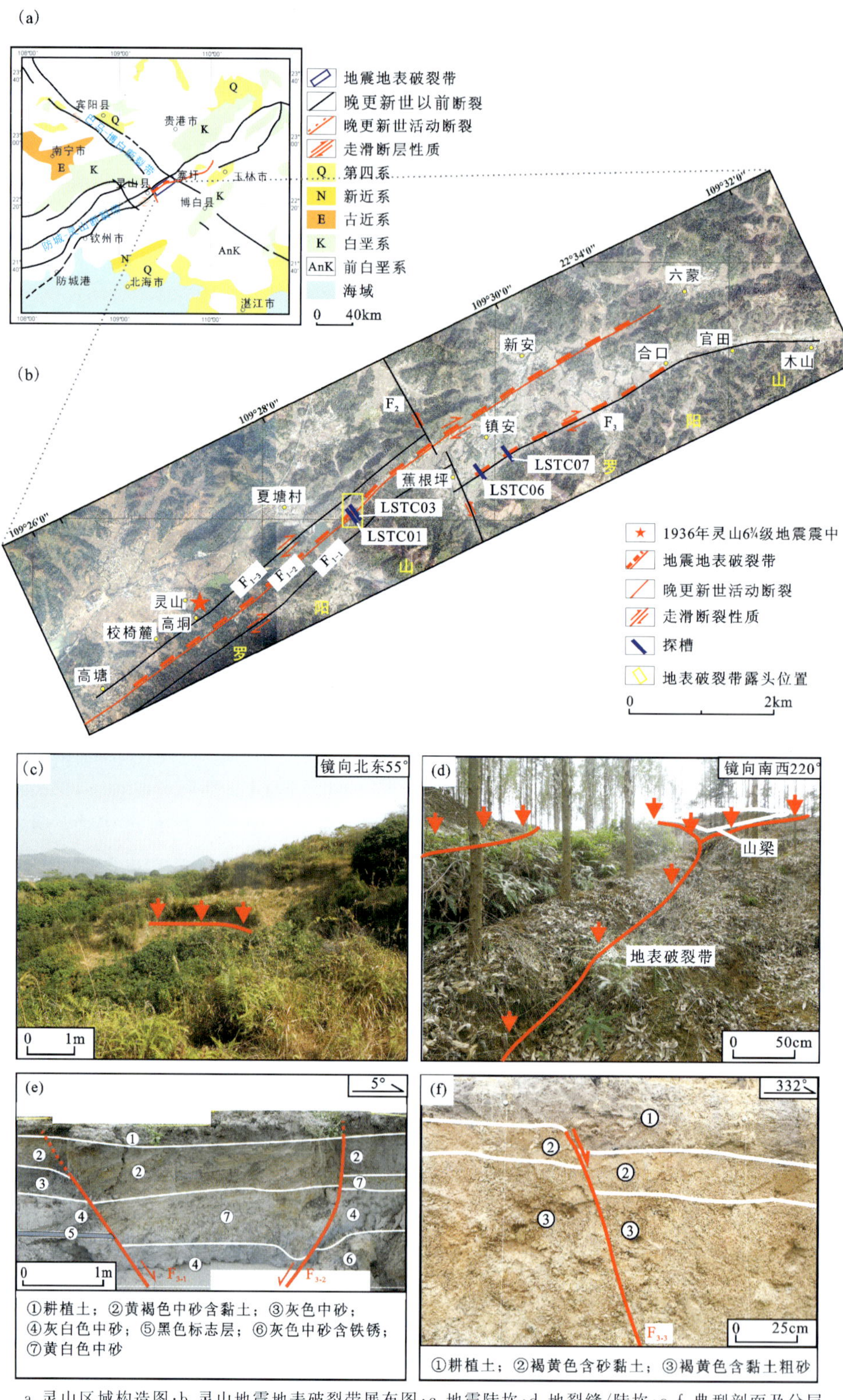

a.灵山区域构造图；b.灵山地震地表破裂带展布图；c.地震陡坎；d.地裂缝/陡坎；e、f.典型剖面及分层

图2-8 地震地表破裂带特征(据李细光等,2017a)

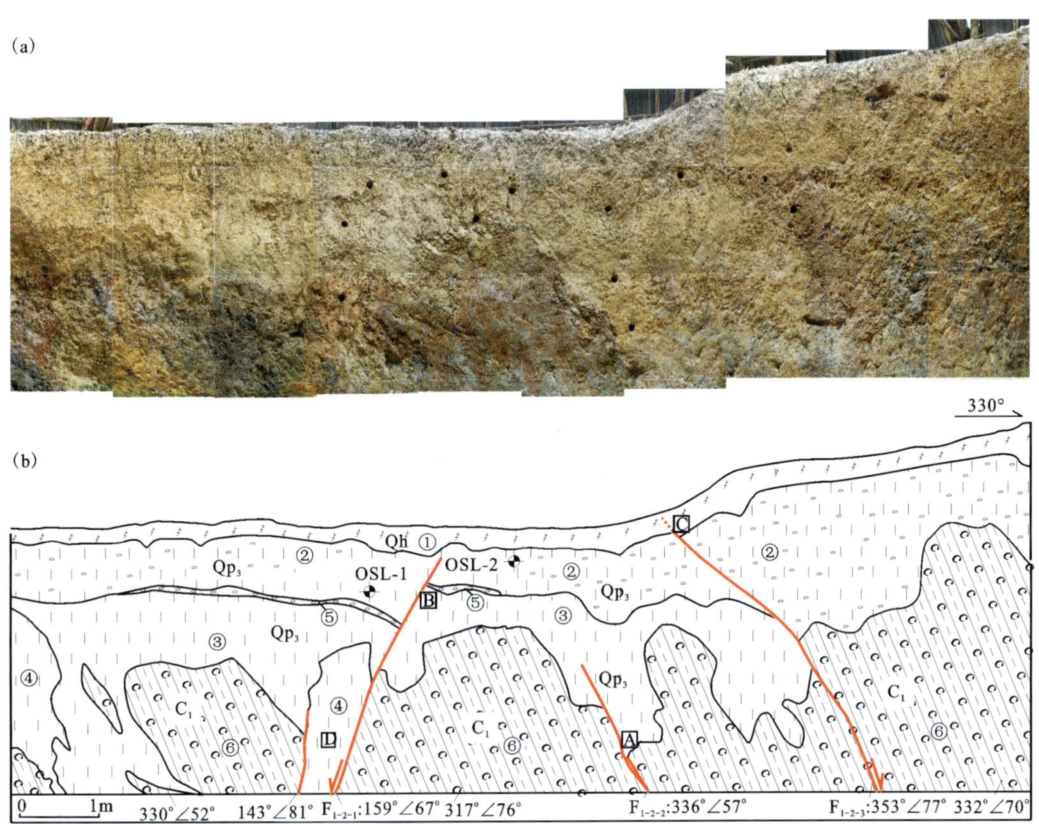

图 2-9 夏塘探槽 LSTC01 西壁照片解译(a)与剖面图(b)(据李细光等,2017b)

表 2-1 灵山断裂北段古地震及重复间隔(据李细光等,2017b)

地震事件	地震时间/a	位错性质	最大断距/cm	估计震级	地震间隔/a
C	80	正断	40	6¾	13 010
B	≈13 090	正断	50～60	>6¾	11 910
A	≈25 000	正断	?	>6¾	>11 300
D	>36 300	正断	?	>6¾	/

4. 寨圩以北段(北段)

该段断裂活动性较灵山段弱,为早—中更新世活动断裂,在该段断裂上中强地震活动也相对较弱,小地震分布较稀少。因此,将北西向寨圩断裂作为分段界线,以北划分为一个活动段。

①耕植土；②褐黄色黏土；③土黄色黏土；④褐红色黏土；⑤砾石层；⑥泥岩；⑦充填楔；⑧崩积楔；OSL样品

图 2-10　夏塘探槽 LSTC03 东壁照片解译(a)与剖面图(b)(据李细光等，2017b)

三、合浦-北流断裂带

该断裂带是一条斜贯桂东南的巨型北东东向断裂带，西南起于北部湾海域，向北东经合浦、博白、北流，至容县被北西向的容县断裂断错后，继续向北东方向至藤县西南，总长 400 余千米，总体走向 40°～60°。断裂带形成于加里东期，且大部分控制了钦州海西褶皱带的东界，具长期发育的特点。区域布格重力异常图中沿断裂带线性特征明显，为断续出现的梯度带；航磁异常 ΔT_a 图上，为由线性异常束及复杂异常群组成的急变异常带。

断裂带分东、西两支，二者大致平行延展，相距 10～30km(图 2-11)。东支称陆川-岑溪断裂束，西支称博白-藤县断裂束，前者属下地壳(硅镁层)深断裂，后者属上地壳(硅铝层)深断裂。两支断裂在卫星影像上皆有显示，但西支清晰度比东支高。

东支断裂(陆川-岑溪断裂束)西南起自合浦县官所营西南，向北东经曲樟、博白、北流、容县、陆川、岑溪，穿越广平燕山期花岗岩体，然后进入广东境内，称陆川-岑溪断裂，区内长约 205km(广西壮族自治区地质矿产局，1985)。在平面上该断裂呈“S”形展布，整体走向

30°～40°,局部走向 50°～60°,倾向以南东为主,倾角在 70°左右。断裂带东南侧出露奥陶系—石炭系等地层,另有海西期、印支期、燕山期花岗岩体出露;西北侧主要为白垩系、古近系。

西支断裂(博白-藤县断裂束)西南起自北部湾,向东北经合浦,博白、北流、容县、梧州,止于贺州,称博白-梧州断裂,区内长约 291km。总体走向 40°～50°,倾向北西或南东,倾角在 70°左右。断裂西北侧主要出露寒武系、志留系,大面积出露海西期、印支期花岗岩,东南侧主要为白垩系、古近系,另有少量泥盆系、石炭系、侏罗系,沿南流江两侧还有较大面积的第四系。中—新生代沿断裂形成合浦、博白、容县等多个断陷盆地。

根据断裂的几何展布、地质地貌和活动性等特征,合浦-北流断裂带可分为 3 段(图 2-11):容县以北为北段,容县—博白为中段,博白以南为南段。北段为正断性质,中段为逆断性质,南段为正断性质。其中博白以南又可进一步分为 3 段(据北京中震创业工程科技研究院,2008),即长乐—博白段、合浦—长乐段和合浦以南段,长度分别为 78km、55km 和 100km。

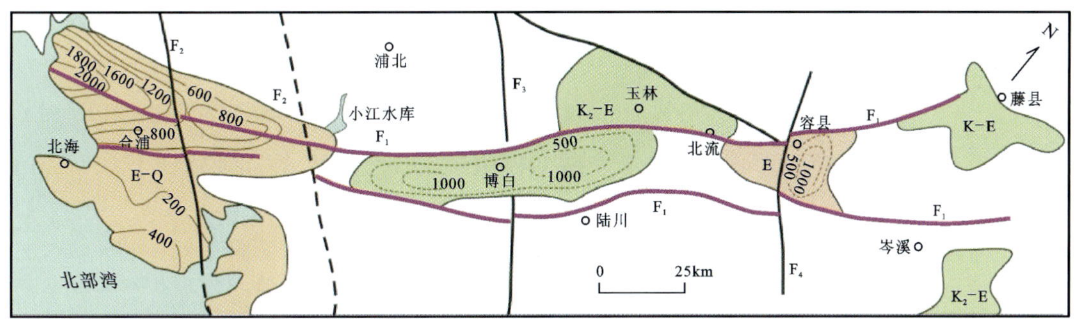

F_1. 合浦-北流断裂带;F_2. 百色-合浦断裂带;F_3. 巴马-博白断裂带;F_4. 容县断裂

图 2-11 合浦-北流断裂带分布图(据马杏垣,1989)

古新世—始新世,中段活动最强,盆地沉积厚度为 1000～1400m,南段、北段仅厚 300～500m。渐新世和中上新世,南段活动强,沉积厚度为 1600m,中段、北段无沉积。第四纪,据断裂构造地貌发育程度、第四系发育状况及温泉出露状况分析,南段活动较强,中段次之,北段最弱。南段隐伏于合浦盆地边缘,由于断裂活动,形成南流江断裂谷,据钻探和浅层地震勘探资料,断裂切错中更新世地层,断距约 20m。据中段、南段断层泥用 TL 法和红外释光(infrared stimulated luminecence,IRSL)法的年代测试结果,断层泥形成时间为距今 470～120ka,如:在玉林南苍排岭村一带,TL 测年值略大于 200ka(样品号 GTL-8,图 2-12),表明断裂在中更新世有过明显活动。此结果与汪一鹏等(1996)和王明明等(2009)研究结果一致。据断层物质扫描电子显微镜(scanning electron microsope,SEM)形貌分析,断裂活动方式以黏滑为主。沿断裂带,历史上共记述 $M\geqslant4.7$ 的地震 4 次,最大震级为 5.3 级。

综上所述,合浦-北流断裂带为早更新世断裂。

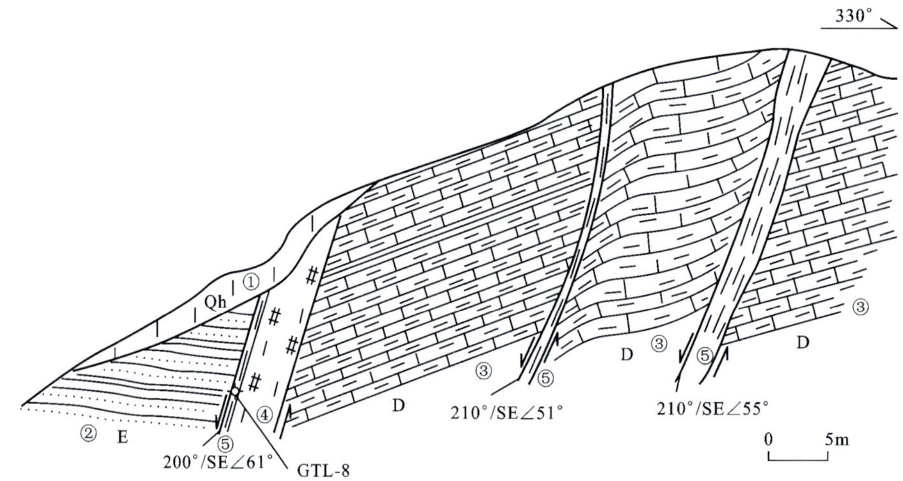

①灰黑色地表土；②紫红色泥岩；③泥质灰岩；④断裂破碎带；⑤紫红色断层泥

图 2－12　合浦-北流断裂带（苍排岭村公路）构造剖面图（据国家地震局地质研究所，1996）

四、涠西南断裂带

该断裂带位于北部湾海域，走向 50°左右，倾向南东，长约 170km。据魏春光等（2008）的研究，该断裂带是控制北部湾盆地西北边界的大断裂，呈北东向延伸，与其东部的 1 号、2 号、3 号、4 号北东东向断层（前两者分别为涠西南凹陷北缘断裂 F_5、海中凹陷北侧断裂 F_3）组成一个右旋走滑断裂系统。主干断裂以其与 1 号断裂（涠西南凹陷北缘断裂）交会点为界分成南、北两段，两段的发育过程存在很大的差异。古新世是涠西南断裂带的主要活动时期，南、北两段是两条独立发育的正断层。南段落差较大，最大落差 5000～7000m；北段落差较小，最大落差 2000～2500m。始新世南段仍比较活跃，落差与古新世时相当，北段落差较小，在 2000m 左右；渐新世只有断裂中部发生正断层活动，并且使南、北两条断层连成一条贯通的断裂。早白垩世中期—古新世，涠西南断裂带主要为张裂阶段，为正断层。北段在始新世—渐新世时倾向断距很小，可能与 1～4 号分支正断层一起活动，表现为右旋走滑特征；南段不仅具有右旋走滑活动，而且有显著的正断层活动。早中新世时，涠西南断裂带总体上有小规模的活动，断距不大，基本上小于 200m。另据石油勘探资料，断裂两侧古近系底界面落差 3000m，断裂向上最新错断了中—上新统灯楼角组。综合上述特征，涠西南断裂带应为早更新世断裂。

五、涠西南凹陷北缘断裂带

该断裂带位于北部湾盆地西北部，是涠西南凹陷的主边界断裂，走向北东东，倾向南东，具正断性质，长约 70km。涠西南凹陷基底最大埋深达 8000 余米，其中古近系厚 6000 余米，新近系和第四系厚 1450m 左右。涠西南凹陆北缘断裂带基底最大落差约有 6000m。据

地震勘探剖面，断裂向上已明显错断到上新统望楼港组，故判断其为早—中更新世断裂。

六、海中凹陷北侧断裂带

该断裂带位于北部湾盆地的西部，控制了海中凹陆的北界，近东西走向，倾向南，具正断性质，长 85km 左右。凹陷中堆积的古近系厚 6000m 左右，新近系和第四系厚约 2000m。断裂基底落差在 6000m 左右，说明断裂对新近系厚度分布有明显的控制作用，故判断其为早—中更新世断裂。

七、贺街-夏郢断裂带

该断裂带南端起自夏郢附近，并被钱鉴-夏郢断裂所截，往北东经大说口，从石桥北西侧经大桂山至贺街，总长约 110km，总体走向 20°～40°，呈舒缓波状，断面倾向北西，倾角 30°～40°，为逆掩断层。断裂带切割了寒武系和泥盆系，控制泥盆系的分布，并使寒武系逆冲到泥盆系之上。根据区域资料，结合野外调查，贺街-夏郢断裂带大致以大桂山附近的北西向断裂和梨埠镇附近的盆古村断裂为界分为 3 段，即北段、中段和南段。其中，中段最为活跃，中更新世中晚期还在活动；北段次之，主要是在早—中更新世活动；南段为前第四纪活动断裂。

1. 北段

北段主要表现为独山-七星岭断裂。该断裂长约 40km，在重力、航磁异常图上有反映，切错寒武系至二叠系和中生代花岗岩，破碎带宽数米至十余米，破碎带内小断层、岩石卷曲、破碎、挤压透镜体、擦痕等构造现象发育，并有断层泥（图 2-13）。在贺州市八步区白花寨村，断层泥 TL 法年龄为（151.59±16.67）ka。在遥感影像上，该段断裂整体线性特征比较清楚，两侧地貌也有反映，局部可见断裂两侧河流阶地发育不对称、垄状岭脊和沟谷发生右旋同向弯曲，断裂带南部溶洞内的钟乳石、灰华等产生错断或裂隙。综上所述，该段断裂为早—中更新世活动断裂，综合表现为正断性质。

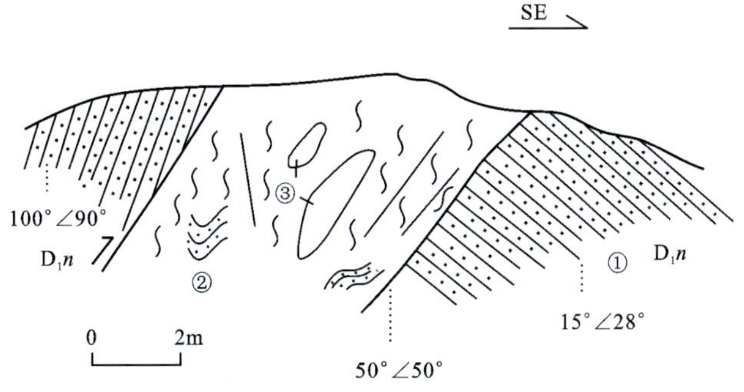

①泥盆系那高岭组细砂岩；②断层破碎带；③破碎带内挤压透镜体

图 2-13　独山-七星岭断裂（贺州仁义玉楼）构造剖面图

2. 中段

中段大致位于苍梧县石桥镇、沙头镇和贺州市仁义镇，北东向断裂与北北东向断裂接合部位就位于该段。该段断裂上分布有串珠状第四纪盆地，盆缘有较好的线性特征和地貌反映，这些盆地边界普遍受3组断裂控制(北北西向、北北东向和北东向)。这些断裂控制了盆地边缘和盆地内水系发育和流向，形成角状水系，在更口屯更口沙场附近形成断层陡坎或断层崖。在沙头镇北西1.4km附近公路边，地貌上位于沙头盆地西缘位置，盆地西缘卫星影像上线性清晰，受北西向(345°左右)断裂控制(图2-14)。该段断裂上发生过2016年7月31日苍梧5.4级地震。综上所述，该段断裂为早—中更新世断裂，综合表现为正断走滑性质。

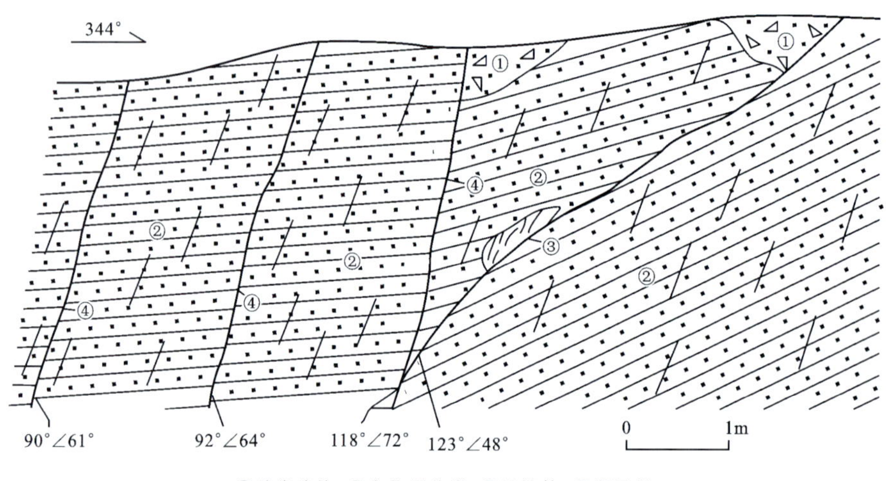

①砂岩碎块；②含节理砂岩；③透镜体；④断层泥

图2-14　贺街-夏郢断裂带(中段)构造剖面图

3. 南段

南段主要表现为沙头-夏郢断裂。该断裂总体走向北东，局部有弯曲，凸向南东或北西，倾向多变。断裂经过石脚、大说口、蚕村、双垌至田寮附近，长约30km，发育在寒武系和泥盆系中。在大说口附近，断裂发育在寒武系中，破碎带宽约70m，主要发育角砾岩和构造劈理带，硅质胶结，其上覆一层厚0.5～1m的土黄色残积物，断裂未切入其内(图2-15)。在遥感影像上该段断裂线性特征非常弱，断裂两侧地层和地貌特征没有太明显的反映，未发现断裂对水系有控制作用，未发现断裂对山体地形有水平方向和垂直方向的错动，未发现断裂有错断上覆残积土层或者切入上覆残积土层的迹象。综上所述，该段断裂为前第四纪断裂，综合表现为逆断性质。

八、宾阳-大黎断裂带

该断裂带总体呈60°走向展布在区域东部，经过宾阳、武宣南、藤县大黎乡至陈塘桃花一

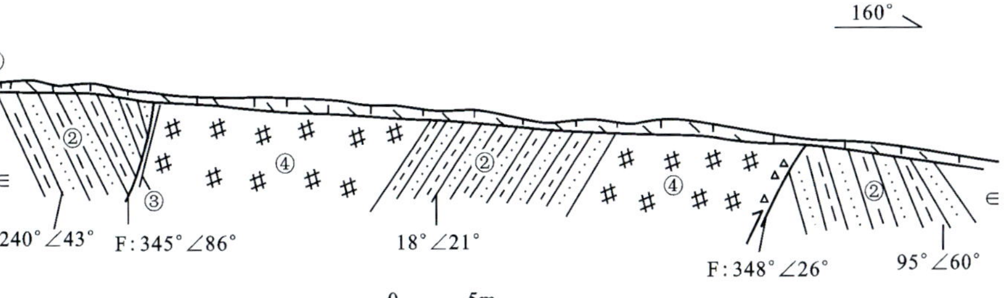

①含碎块残积层;②泥岩-粉砂岩互层;③劈理化带;④构造破碎带

图 2-15　贺街-夏郢断裂带(大说口)构造剖面图

带,全长 200km 左右,由多条平行断裂组成,多倾向南东,倾角在 50°~80°之间,具逆断性质。断裂带在新生代具一定的活动性。断裂带在卫星和航空影像上清晰可辨,沿断裂带多形成地貌反差强烈的断裂谷地。通挽-白沙断裂是该断裂带的重要组成断裂之一,由白沙断裂、通挽-东乡断裂和桐岭村-花马断裂组成。

1. 白沙断裂

在白沙村,可见断裂变形带宽约 15m,内部可见构造碎裂结构,断面倾向西,两侧泥盆系泥岩具劈理化特征且扰动构造发育(图 2-16)。断面上的土黄色断层泥厚 2~3cm,其 TL 法年龄为(167.12±18)ka。

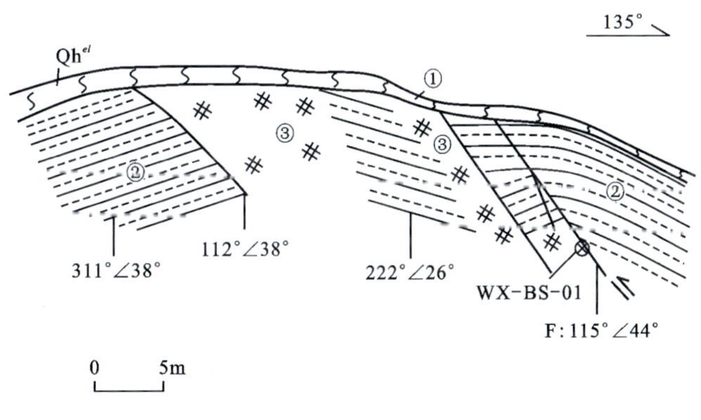

①残积层;②泥岩;③碎裂岩

图 2-16　白沙断裂(东乡镇白沙村)构造剖面图

2. 东乡-通挽断裂

该断裂由 2~3 条近平行的断层组成,发育在石炭系和泥盆系中,总体表现为逆断性质。在上盘和下盘的古河道中,也发育了压性角砾岩,角砾大小在 2~5cm 之间,被白色、红色方解石和泥质胶结。在黔江的北岸一侧,自东乡至勒马东,河流与断裂走向大致相同;在祥龙至通挽,断裂走向与河流走向也大致相同。

3. 桐岭村-花马断裂

该断裂在桐岭村北西 800m 处，断面倾向北西，上、下盘均为石炭纪灰岩，断裂宽 30～50m，带内构造透镜体发育，为挤压逆断性质。沿断裂展布的走向，断裂的东南侧为线状负地形，与东乡-通挽断裂共同控制了武来河的河谷走向。取断裂破碎带中的石英做 SEM 形貌观察发现，石英碎砾表面以鱼鳞状为主，兼有橘皮状，表明断裂在上新世末和早更新世有过明显活动。1899 年在断裂带上曾发生过 5 级地震。

综合上述特征，宾阳-大黎断裂带为早—中更新世断裂。

九、荔浦断裂带

该断裂带全长约 100km，由两条平行的断裂组成，总体走向 65°左右。断裂带可分为南、北两支，北支倾向南东，南支倾向北西，倾角均在 30°～40°之间。

在荔浦恒建矿业公司大门前 200m，断裂带出露宽 80m 以上（图 2－17），主要由构造角砾岩、构造片理化带和构造碎裂岩组成。早期构造岩由铁质钙质胶结，晚期构造角砾岩由钙质胶结。构造角砾岩和构造碎裂岩中发育两组劈理，断面上可见擦痕和阶步，指示其最新运动方式为正断。

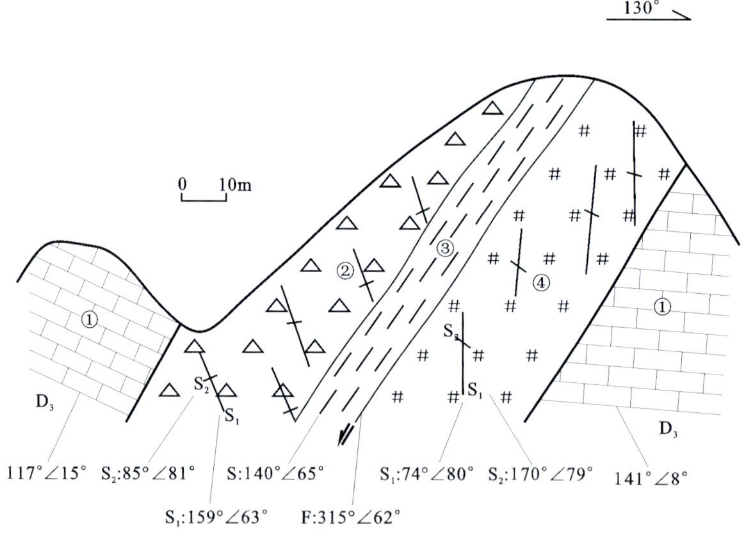

①厚层灰岩；②构造角砾岩；③片理化带；④破碎带

图 2－17　荔浦断裂带（荔浦恒建矿业公司大门前 200m）构造剖面图

该断裂带在新生代仍有活动，在卫星影像上断裂带线状负地形地貌清晰，沿断裂带形成狭长的谷地，断层崖、断层三角面发育，在断裂带中部发育有荔浦第四纪盆地。断裂带对河流的发育有控制作用。沿断裂带地震活动较弱，与阳朔断裂交会的部位在 1639 年、1672 年和 1686 年共发生过 3 次 4¾级地震。综上所述，该断裂带为早—中更新世断裂。

十、灌阳-衡阳断裂带

该断裂带南起广西恭城附近，经灌阳进入湖南的祁东、衡阳，全长 600 多千米。总体走向北东，断面倾向北西，断层性质为压性反扭，古生界逆冲至中生界之上，并左行错断达几千米。断裂带由数条断裂组成，带宽几十米至 800m。

在文家洞西 500m 公路旁出露 50 多米断裂带（图 2－18），在主断面上可见充填有宽约 2m 的肉红色方解石脉，呈构造透镜体状，带内发育一组平行的叠瓦状构造，断面上擦痕发育，具左旋正断性质。断裂带内角砾岩极其发育，角砾大小 2～3cm 不等。断裂带内节理发育，为白色方解石充填，中间厚，向两端尖灭，呈现张裂性质。

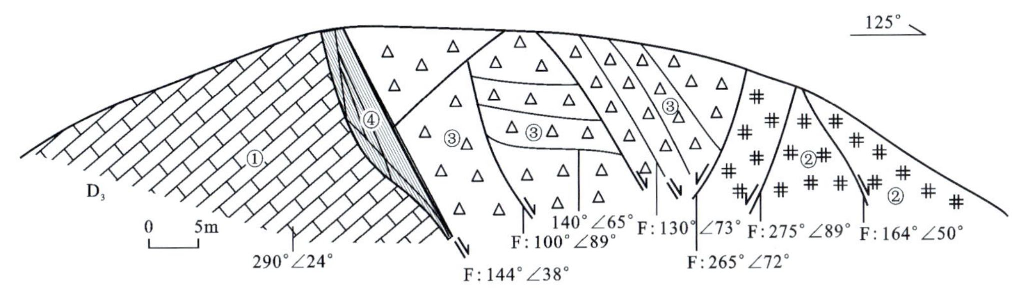

①中厚层灰岩；②构造破碎带；③构造角砾岩；④肉红色夹白色方解石脉呈构造透镜体状

图 2－18　灌阳-衡阳断裂带（文家洞西 500m 公路旁）构造剖面图

沿断裂带发育断层崖、断层三角面等构造地貌标志，线状负地形地貌清晰可见，与两侧中、低山形成强烈反差，同时沿断裂分布一系列串珠状第四纪断陷盆地，说明该断裂在新构造运动时期也有明显的活动性。从断裂最新破裂面上的擦痕、构造角砾岩以及第四纪地貌等综合特征看，该断裂新构造期运动方式以正断为主。在广西境内，该断裂与其他断裂交会处时有 4 级左右地震发生。

综上所述，该断裂为早—中更新世断裂。

十一、全州断裂带

该断裂带也称白石断裂带，北起全州大西江，向南经龙水、安和至兴安县白石、阳朔县大镜，转向南南东达平乐沙子街附近，全长 180km。断裂带与其附近褶皱均呈向西凸出的弧形，总体走向北东—近南北。大致以白石为分界线，北段走向北东，倾向南东，为挤压-逆断性质；南段走向近南北向（北北西弧形），倾向南西，为正断性质。断裂带错断奥陶系至石炭系以及下白垩统。主断裂及与之平行的次级断层组成宽数千米至十余千米的断裂带。破碎带宽数米至 200m，断层角砾岩发育。断裂带与印支期一长轴线状褶皱密切伴生，形成于印支期。燕山亚旋回又复活，切过下白垩统。卫星影像上断裂带线性特征反映明显，表明断裂带在新构造期间有过活动。其中，北段由全州-大井头断裂和鹤岗-株木山断裂组成。北侧的全州-大井头断裂走向北东，倾向南东，为挤压-逆断性质。该断裂带在全州县西侧由4条次级断裂组成，早期为逆冲性质，晚期张性特征较清楚，形成较宽的张性破碎带、角砾岩，并被方解石脉充填和胶结（图2-19）。南侧的鹤岗-株木山断裂长52km，走向北东，倾向南东或北西，为逆断性质兼有走滑性质，对地形地貌有明显控制作用，沿断裂走向多为中低山与山前丘陵、平原的分界线。在全州乐家湾东、铺里一带见断裂带露头，断裂破碎带、构造透镜体、劈理等较发育（图2-20）。

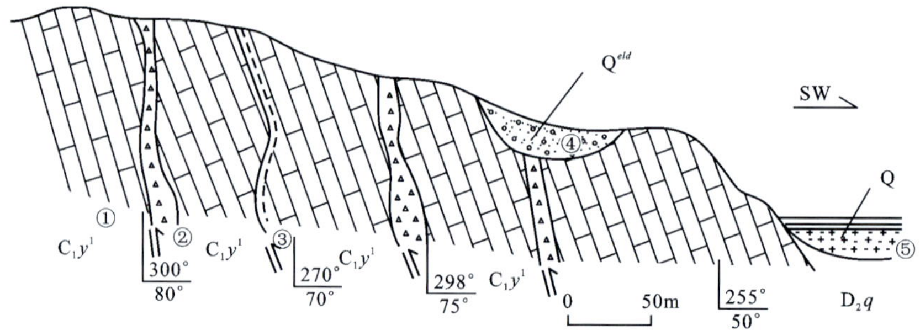

①灰岩；②断层角砾岩；③断层泥；④残坡积；⑤第四系

图2-19　全州-大井头断裂（全州县城西）构造剖面图

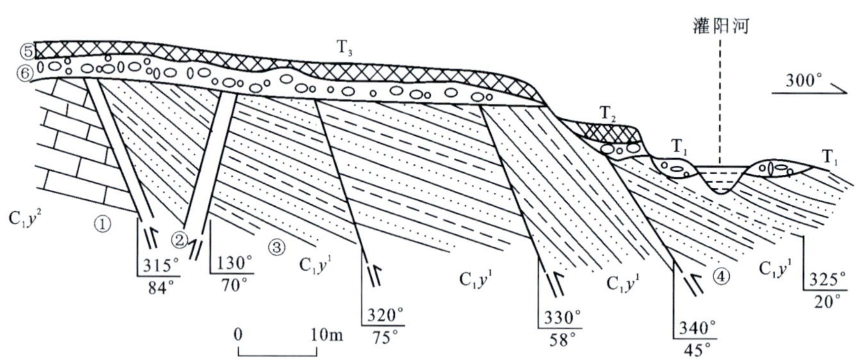

①灰岩；②构造透镜体；③砂岩；④劈理化带；⑤黏土；⑥砾石层

图2-20　鹤岗-株木山断裂（新白水脚）构造剖面图

南段主要由咸水断裂和留公断裂组成，断裂走向呈凸向西的弧形，倾向南西，为正断性质。留公断裂经过地区的地貌常表现为两山之间的鞍部。

综上所述，该断裂带为早第四纪断裂。

十二、更新-凌云-那能断裂带

该断裂带走向北东，由黄岩脚-表米洞断裂、更新-凌云断裂和那农断裂组成，断续出露，全长约180km。

1. 黄岩脚-表米洞断裂

该断裂长 20～30km。断裂在晚古生代灰岩中形成断谷，可见 10 余米宽的角砾岩与方解石脉带。在三叠系内，则由挤压破碎岩屑、碎屑岩团块和挤压透镜体等组成 10 余米宽的构造岩带。第四纪以来，没有新活动迹象。在地震活动方面，未有历史地震记述，近年来也无仪器地震记录。

2. 更新-凌云断裂

该断裂全长约 50km，辗转弯曲，破碎岩带宽 20～50m，有成带的石英斑岩脉侵入。该断裂由多条近平行的断裂组成，包括加尤断裂、加尤南断裂、凌云东断裂、凌云西断裂。在加尤东 600m（图 2－21），断裂带出露宽约 12m，北侧发育小型正断层，主要为挤压带，劈理、透镜体、断层物质发育，断面两侧岩层牵引构造发育，指示压性-逆断性质；南侧变形强烈，岩层受压形成倒转褶皱。沿南西西向观察，断裂通过灰岩与砂岩间线状谷地，未切入上覆黄褐色残积黏土中。该断裂多沿灰岩与砂岩间的线状谷地发育。

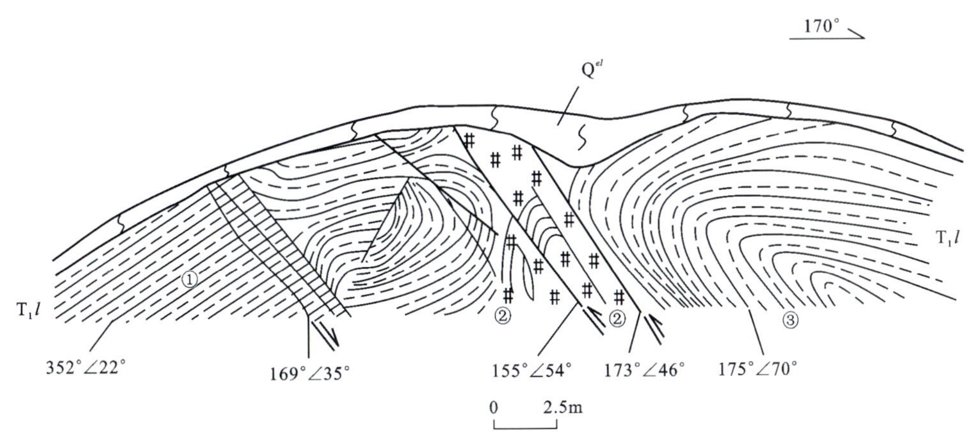

①黄绿色中薄层泥岩；②破碎带；③黄绿色中薄层泥岩

图 2－21　加尤断裂（加尤东 600m）构造剖面图

3. 那农断裂

该断裂全长约 65km，走向北东，略向南东方向凸出，展布于富宁-那坡-谅山断裂带和百色-合浦断裂带之间，与两断裂带呈“入”字形斜接，力学性质以压扭性为主，错断的地层有古生界和中生界。该断裂属于皈朝弧形构造伴生的北东向断裂，其北东段还受百色-合浦断裂带的影响。在剥隘附近可见露头，断裂对上覆中更新世残积红土未见有变形改造痕迹。断裂通过地区以侵蚀地貌为主，多表现为北东向垭口和沟谷，跨断裂的水系无同步扭动现象，断裂附近的分水岭呈北西方向排列。

该断裂带与富宁-那坡-谅山断裂带以及靖西-崇左断裂带交会的部位有 2 次破坏性地震记录。

二、靖西-崇左断裂带

该断裂带西北端起于云南省富宁县洞坡附近，往东南经广西的靖西、大新县的下雷、太平至崇左附近。断裂带走向 310°～320°，倾向不一，倾角 40°～70°，长约 250km。它切割寒武系、泥盆系、石炭系、二叠系、三叠系等。根据断裂带几何形态、内部结构以及断裂活动性方面差异，大致以垂屯为界将断裂带分为西北段和东南段。

西北段：以多甲-化峒断裂为主。卫星影像显示，断裂为平直断裂谷，断层崖发育，负地形地貌明显，对现代水系有一定控制作用。断裂左旋错断北东向山脊线和现代冲沟和冲槽，使山前冲沟、冲槽左旋扭动，局部地段形成拉分盆地。有的地方垂直错断第四纪台地，两侧高差百余米。在新圩附近（图 2－24），庞凌河Ⅱ级阶地覆盖于断裂之上，未见有错断迹象。取断层物质进行年代测试，铀系法测年结果为 250ka 左右，TL 法测年结果为 440ka 左右及 190ka 左右，表明断裂在中更新世中后期有过明显活动。1962 年和 1982 年在富宁分别发生 5.5 级和 5.8 级地震。

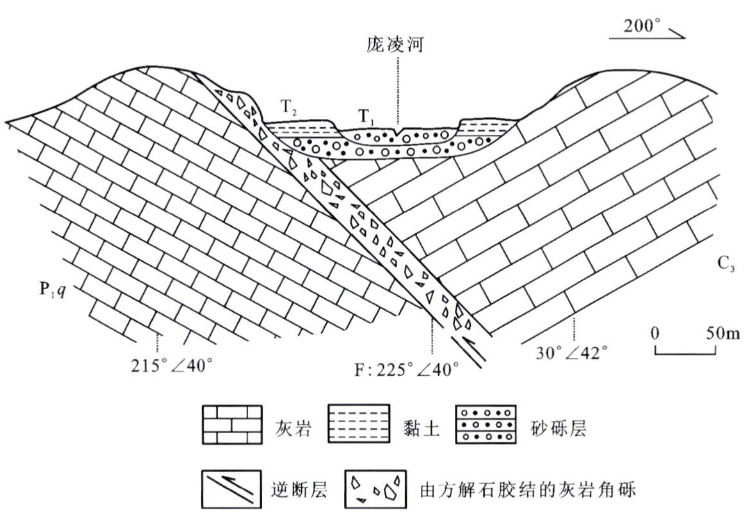

图 2－24　多甲-化峒断裂（靖西市新圩）构造剖面图

东南段：以黑水河断裂为主。沿断裂带线状负地形地貌、断层陡坎、断层三角面发育。在安平上利水电站东南 200m 见黑水河断裂出露，破碎带至少宽 50m（图 2－25），内部角砾岩、南北向节理发育，具左旋走滑性质，破碎带上覆一层厚 3～4m 的褐黄色残积黏土，黏土的形成时间为中更新世。黑水河河床切入断裂破碎带的角砾岩中。

在荣圩附近，断裂带穿过Ⅱ级阶地时，未见阶地变形，表明断裂带在晚更新世以来不活动。

综上所述，靖西-崇左断裂带西北段主要活动时代在中更新世中后期，东南段为早中更新世，西北段活动性比东南段要强，整个断裂带晚更新世以来不活动。

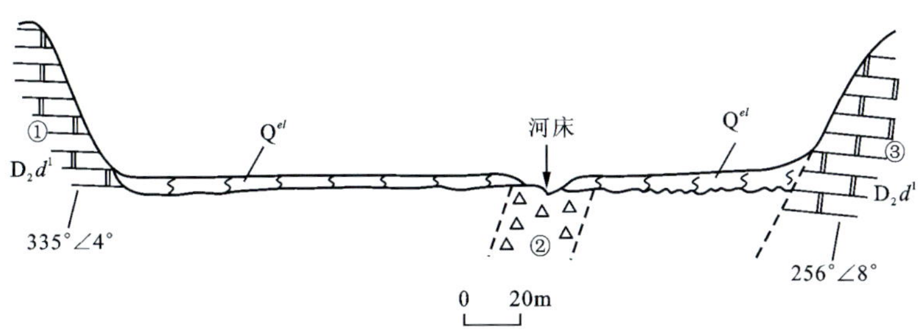

①灰色中厚层白云质灰岩；②角砾岩带；③灰色中厚层白云质灰岩

图 2-25　黑水河断裂(安平上利水电站东南 200m)构造剖面图

三、百色-合浦断裂带

该断裂带始于桂黔交界的隆林、西林，向东南经百色、南宁，至合浦，而后进入雷州半岛，全长 760km。总体走向 310°～320°，倾向北东或南西。该断裂带分别与北东向的桂林-南宁断裂带、防城-灵山断裂带、合浦-北流断裂带相交，其中桂林-南宁断裂带西北侧段落的连续性好，东南侧连续性差，断续分布。根据断裂带的地质地貌特征、断裂规模、错断最新地层的年龄和断层物质的年龄、地震活动等的差异以及与北东向断裂带的交切关系，将该断裂带分成活动性具有明显差异的 3 段，即南宁以西的西北段(大致为桂林-南宁断裂带以西段落)、南宁以东的中段(桂林-南宁断裂带与合浦-北流断裂带之间所夹的段落)和东南段(合浦盆地段)。

1. 西北段(隆安以西段)

该段的百色-合浦断裂带称为右江断裂带，具有清晰的线性影像和断裂地貌，控制了第四纪盆地的发育。宋方敏等(2004)认为右江断裂带西北起自兴义、棒鲊以东，向东经隆林、西林、潞城、田林、百色、田东、平果、隆安，止于坛洛，全长约 410km。由一组走向 310°～320°、倾向北东和南西的断裂组成。以百色、思林为界，该段断裂带可分为三大段，即百色以西段、百色—思林段、思林—隆安段。各大段又分成了若干小段。

(1)百色以西段。该段由南、北两支断裂束组成。

南支断裂束：由八渡断裂、者车断裂、弄瓦断裂、西林-那劳断裂、定安断裂、八桂断裂、阳圩断裂、松树坡断裂组成。其中，松树坡断裂为晚更新世活动断裂，其余为早—中更新世活动断裂。八桂断裂、者车断裂、弄瓦断裂、西林-那劳断裂等在卫星影像上显示清楚，阳圩断裂为帚状断裂，观音山断裂是其主干断裂，为早—中更新世断裂。松树坡断裂经过百色西北凡屯村一带时，地貌上为典型的断层谷，那及一带则发育较好的断层槽地。在两个剖面中断层切割的最新地层为晚更新世坡积含砾石红土或含土砾石层，反映出断裂活动时代为晚更新世(图 2-26)。1962 年 4 月 20 日八桂附近发生的 5 级地震可能与该段断裂带有关。

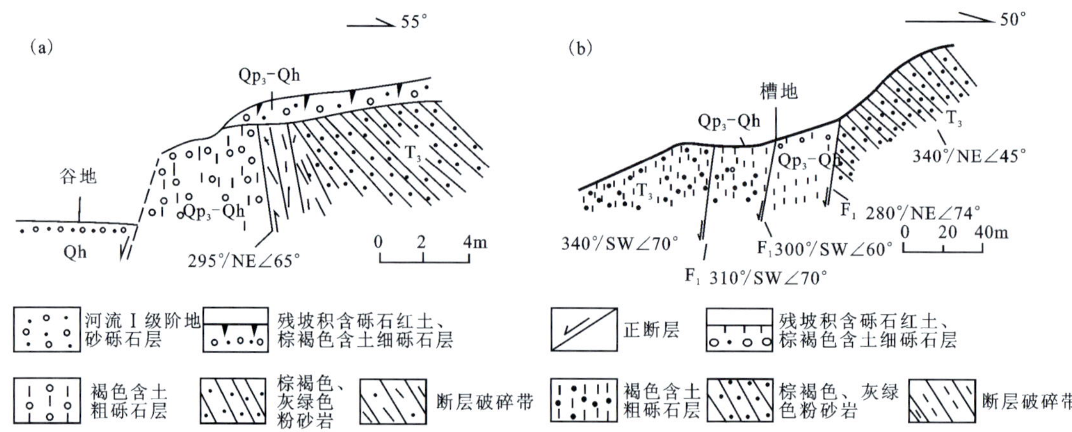

图 2-26　百色西北凡屯谷地北侧(a)和那及槽地(b)断层剖面图

(据宋方敏等,2004)

北支断裂束:由敢亮断裂、新寨断裂、潞城-塘兴断裂、平那断裂组成。其中潞城-塘兴断裂在晚更新世有活动表现,其余为早—中更新世活动断裂。潞城-塘兴断裂在旧州至泽屯一线,线性影像特别清晰,地貌上控制了现代河床走向,断层谷、断层槽地十分发育。由于断裂的左旋走滑,许多地段穿越断裂的水系发生同步左旋拐弯。在平吉西北砖厂,断裂切割冲沟阶地灰褐色砾石层,砾石层的热释光样品年龄为(99.6±7.7)ka。在田林平么,断裂切割了冲积相细砾石层及其上的坡积粗砾石层和橘黄色黏土,冲积细砾石层中的热释光样品YTL-16测试年龄为(46.8±3.6)ka。在田林东南公路边,乐里河Ⅲ级阶地砂层、砾石层与其后的橘黄色粗砂层呈断层接触,其垂直断距8m左右,阶地中的热释光样品YTL-14和YTL-15测试年龄分别为(79.6±6.3)ka和(101.6±7.9)ka(图2-27)。

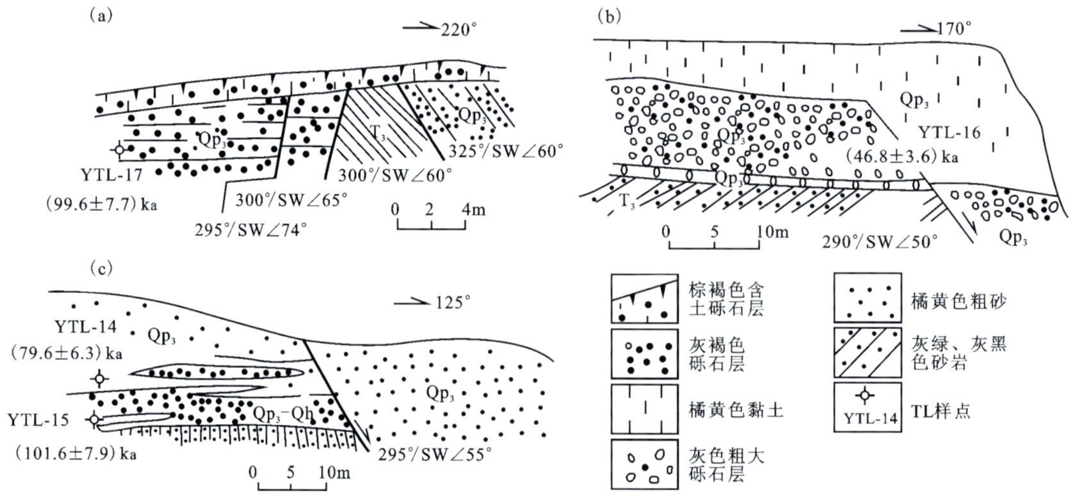

图 2-27　平吉砖厂(a)、田林平么(b)和田林东南(c)断层剖面图

(据宋方敏等,2004)

(2)百色—思林段。该段断裂带主要位于百色-田东盆地南、北两侧,控制着第四纪百色-田东盆地的发育。盆地南、北两侧断裂地貌都很清楚,是低山丘陵与盆地的界线。盆地的北侧由那丹断裂、永乐-田阳断裂、那贯-那廖断裂、塑乐断裂组成,盆地南侧由那坡断裂组成。其中,永乐-田阳断裂、那贯-那廖断裂和那坡断裂为晚更新世活动断裂。永乐-田阳断裂带经过百色盆地东北缘那敏附近时,断层切割河流Ⅲ级阶地砾石层,其中的热释光样品年龄分别为(47.3±3.7)ka和(101.5±7.9)ka。那坡断裂经过百色盆地南缘的那坡时,人工剖面中见断裂切割晚更新世坡积砾石层并形成充填楔,充填楔下部堆积物的热释光样品年龄为(85.5±6.6)ka(图2-28)。

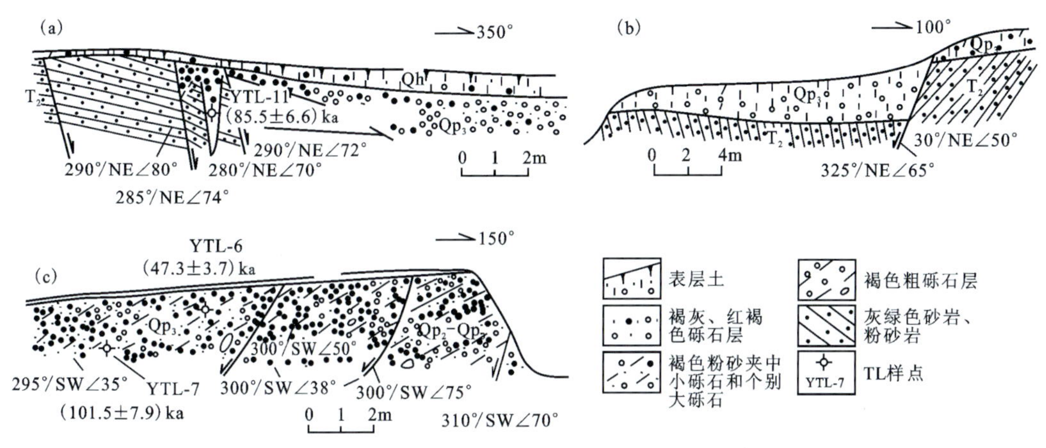

图2-28 盆地南缘那坡(a)、马鞍岭(b)和盆地北缘那敏(c)断层剖面图

(据宋方敏等,2004)

除上述剖面外,在盆地南缘的坡算,见右江Ⅳ级阶地粉砂、砂质黏土与砾石层呈断层接触,下降盘的红褐色粉砂和棕色粉砂质黏土发生褶曲。

(3)思林—隆安段。该段由濑劳-龙庄断裂、果化-新安断裂、那料-水安断裂、太平断裂、那定断裂、陇邦断裂、平隆断裂和龙拉断裂组成,濑劳-龙庄断裂和果化-新安断裂是主干断裂,在晚更新世有过活动表现,其余为早—中更新世或前第四纪断裂。濑劳-龙庄断裂在宏观地貌上有断层谷或断层槽地发育,如山心-右江边断层谷。经实地测量,该断层谷宽43.6m,其内部又发育宽10m的断层槽地,在谷地两侧,皆见到断层面和断层破碎带。平果—隆安段浔礼水库下游断层槽地宽44.3m,两侧坎高1~3m。良涞村西北1.5km探槽剖面中,揭露出的断层切割了河流Ⅱ级阶地堆积物,其中的热释光样品年龄分别为(40.2±3.2)ka和(32.8±2.5)ka(图2-29)。

2.中段(隆安至石湾段)

该段位于南宁以东至合浦-北流断裂带以西。根据该段断裂带的地形地貌特征、规模和构造岩特征以及断层物质年龄等,可将此段分成两个亚段。

(1)隆安—包竹坪亚段:该亚段在航片上有清晰的影像显示,地貌上呈负地形,对古近纪沉积盆地有一定的控制。断裂破碎带宽度从几厘米到70余米不等,切割了古生代—古

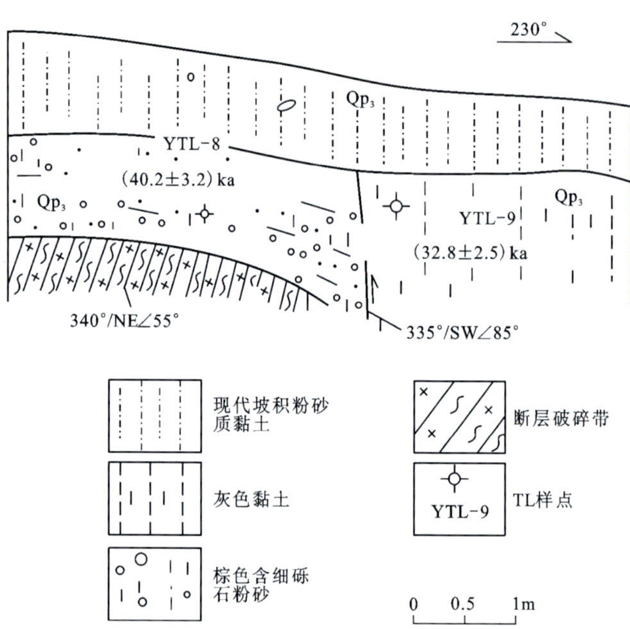

图 2-29 良涞村西北 1.5km 探槽剖面图(据宋方敏等,2004)

近纪地层,构造岩胶结疏松。各断裂有左旋逆断或正断表现。断层泥的热释光样品年龄为(458±167)～(388±90)ka,表明断裂在中更新世有过活动。

(2)妙楼—石湾段:该亚段在数字高程模型(digital elevation model,DEM)图上线性影像不清晰,地貌反映不明显;断裂带宽2～9m,构造岩以挤压性质的片理、透镜体等为主,较松散,胶结程度相对较差,在部分断面上发育薄层断层泥,其电子自旋共振(electron spin resonance,ESR)法年龄为(368±44)ka。由此判断,该亚段在中更新世可能有微弱活动,为早—中更新世断裂。

总之,百色-合浦断裂带中段由西北向东南规模逐渐变小,活动性逐渐变弱,活动时代有逐渐趋老的特征。沿该段断裂带在 1893 年发生过 1 次 4¾ 级地震,现代小震活动微弱。综合判断,该段为早—中更新世断裂。

3. 东南段(合浦盆地段)

该段是一条隐伏断裂,位于中更新统北海组之下,北海组未受到断裂影响。从断裂两侧层状地貌面分析(图 2-30),该断裂至少对早更新世早期后形成的一级夷平面(低夷平面)和中更新世形成的低剥夷面没有明显的控制作用;下更新统湛江组的顶面在断裂两侧的高程没有明显变化。并且从可观察到的断裂剖面看,其规模很小,错断石炭纪地层,即使在湛江组中存在一些北西向裂缝的蛛丝马迹,但其上覆的北海组没有受到影响。沿断裂历史上未发生过破坏性地震,现代小震活动微弱。由此推断,该段即使存在断裂,规模也很小,其最新活动时间也应发生在北海组沉积之前,故将本段作为早更新世有微弱活动的断裂处理。

在地震活动性方面,沿百色-合浦断裂带自 1751 年以来共发生过 $M \geqslant 4\frac{3}{4}$ 的地震 7 次,最大地震为 5.0 级。其中,西北段右江断裂带的百色以西段在 1910 年和 1962 年分别在西

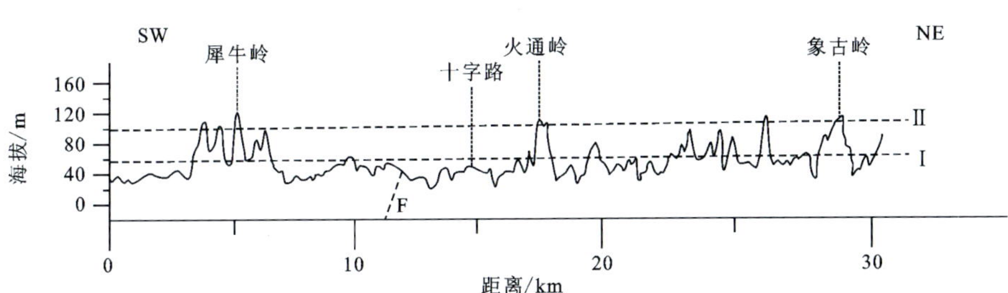

Ⅰ.海拔 40～60m 的低剥夷面，形成于中更新世；Ⅱ.海拔高度 100m 左右的一级夷平面（低夷平面），形成于新近纪—早更新世早期

图 2-30　百色-合浦断裂东南隐伏段两侧层状地貌面的变化态势

林和田林八桂发生过 4¾ 级和 5.0 级地震；百色—思林段在 1751 年发生过 1 次 4¾ 级地震；思林—隆安段在 1925 年、1930 年各发生过 1 次 4¾ 级地震，在 1977 年发生过 1 次 5.0 级地震。东南段至今没有超过 4¾ 级地震的记录。

综上所述，确定百色-合浦断裂带西北段最新活动时代为晚更新世，中段和东南段活动时代为早—中更新世。

四、巴马-博白断裂带

该断裂带东南始于广东省茂名一带，往西北经广西博白、横县、昆仑关、大化、巴马，而后进入贵州省域内，总体走向 310°～330°，全长达 800 多千米，倾向以北东为主，倾角 40°～85°，属下地壳（硅镁层）断裂。断裂带切割寒武系至古近系。断裂破碎带宽数米至百余米，带内角砾岩、糜棱岩、硅化、构造透镜体、强烈挤压揉皱带等构造现象发育。沿断裂带有燕山晚期小岩体和岩脉分布。断裂带最早形成于海西期构造旋回，印支期强烈活动，表现出右旋剪切-挤压性质。

该断裂带在新生代以来和第四纪时期具强烈的活动，并表现为左旋剪切-挤压力学性质。该断裂带与北东向的桂林-南宁断裂带、宾阳-大黎断裂带、防城-灵山断裂带、合浦-北流断裂带、廉江-信宜断裂带相交或交切。其中，防城-灵山断裂带西北侧的区段，贵州至马山之间，断裂分为两束，东北束连续性好，西南束断续出露；马山至横县之间，断裂带由 2～3 条平行的断裂组成，这些断裂的连续性好且对地貌控制明显。因此，大致以马山为界，断裂带分为巴马—马山段、马山—横县段。防城-灵山断裂带东南侧的段落在灵山附近线性较好，因而横县—寨圩区段划为一个独立的段落。防城-灵山断裂带与合浦-北流之间的部分连续性差，合浦-北流断裂带与廉江-信宜断裂带之间又有出露，因而博白—茂名之间可划分为一个段落。综合断裂带几何形态、内部结构、断裂活动性方面差异以及与北东向断裂带的交切关系，大致以马山、横县、寨圩、博白为界将断裂带分为巴马—马山段、马山—横县段、横县—寨圩段和博白—茂名段。

1. 巴马—马山段

该段断裂带有两束，北东一束为逻西-凤山-板升断裂束，西南一束为雅长-逻楼-都阳断裂束。沿断裂带线状负地形地貌明显，断层三角面、断层崖发育。断裂对红水河干流和支流水系有明显的控制作用，在下屯附近，红水河被该断裂左旋错移；在马山、下岜等地，红水河支流水系在过断裂处急转弯。沿断裂带冲沟冲槽以及山前冲洪积扇体多被左旋错移。在上龙街等地，断裂带上有温泉出露。在岜仆、上龙街、刁旺、大当等地，未见红水河Ⅱ级阶地被错断迹象，说明该段断裂带晚更新世以来不活动。取断裂物质进行铀系和 TL 年代学测试，结果分别为 280ka 和 190ka。该段断裂带为早—中更新世断裂。

2. 马山—横县段

在横县至马山南一带，沿断裂带发育有中新生代盆地，并控制宾阳第四纪盆地的西部边界。该段断裂带由天马-芦村断裂、武陵断裂、巷贤-刘村断裂和露圩-横县断裂等主要断裂组成，经过横县附近时多条断裂组成棋盘状。其中，天马-芦村断裂经过横县芦村至宾阳高田一带时，寒武系逆冲到古近系之上，同时左旋错断燕山晚期花岗岩体达 4000m 左右。在樟木坪，取断层泥进行 TL 年代学测试(图 2-31)，结果显示其年龄为 150ka，运动方式以黏滑为主。武陵断裂是宾阳盆地的西南边界，可识别出多次活动痕迹：早期形成的断裂变形带宽 20～30m，带内由多组小断层组成，根据阶步和透镜体的长轴方向指示，该断裂为逆断性质，带内可见厚 1～2cm 的褐黄色断层泥，并已固结；后期发育的断裂形成了大片的擦痕和阶步，擦面上已经出现方解石，根据其方向判断，为左旋走滑兼逆冲性质。另外，山前的缓丘呈线状排列，由于左旋走滑作用，古沟谷被错断改道并在山前形成积水洼地。综上判断，该段断裂带为早—中更新世断裂。

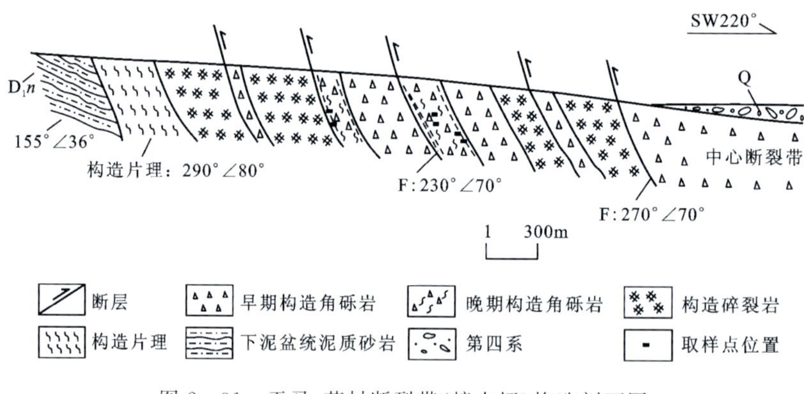

图 2-31　天马-芦村断裂带(樟木坪)构造剖面图

3. 横县—寨圩段

该段断裂带由两条近平行的北西向断裂组成。东北侧一条为寨圩-六垠断裂，西南侧一条为友僚-蕉根坪断裂，两条断裂所夹持的部位在 1958 年发生过 5¾ 级地震。其中，寨圩-六垠断裂线性负地形地貌明显，地貌上构成了盆山分界线。在下丰门至寨圩段的下丰门北 300m，可见该断裂发育在二叠系砂岩中，破碎带宽约 20m，内部发育断面和角砾岩(图 2-32)。断面产状较陡，由多条向下撒开、向上汇聚的断层聚集成扫帚状。断层束中岩层破碎，内部充填褐色铁质氧化物，局部硅化。

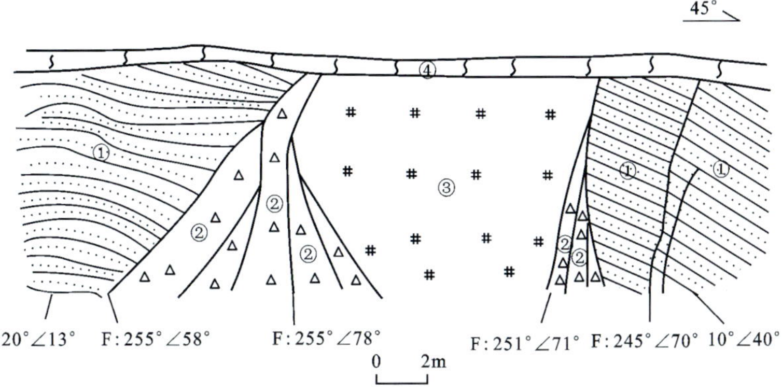

①薄层砂岩；②角砾岩；③破碎岩；④残积层

图 2－32 寨圩-六垠断裂(下丰门北 300m)构造剖面图

友僚-蕉根坪断裂始于罗阳山，往北西经过蕉根坪、六吉至友僚、罗凤一带，长约 50km，走向 310°～330°，倾向北东，倾角约 65°，破碎带宽 10 余米。沿断裂线状负地形地貌明显，沿断裂带多分布洼地、凹地；断裂控制着现代水系的发育，小河等水系多沿断裂带走向分布，角状水系发育；断层崖、断层陡坎和断层三角面发育。在焦根坪一带，两侧地貌有差异：断裂东北侧仅发育低平的Ⅱ级冲积洪积阶地，西南侧发育Ⅴ级洪积阶地；在友僚—石塘、蕉根坪—六吉一带左旋错断北东向断裂，山脊和沟谷成排分布(潘建雄等，1995)；在大排北西一带该断裂使小型冲沟具同步左旋现象。在蕉根坪村南东 160°方向 1km 左右(图 2－33)，可见断裂发育于花岗岩中，断面较平直，延伸到上覆晚更新世黑色标志层，对其未有错断。综上所述，该段断裂带的活动时代为中更新世中晚期。

4. 博白—茂名段

该段断裂带断续出露，连续性不好，主要活动时期为早—中更新世，大致由彭村断裂和凤山断裂组成。

(1)彭村断裂：沿断裂线状负地形地貌明显，断层三角面发育，对现代水系有一定的控制作用。在彭村附近断裂切错花岗岩岩体，成为地层与岩体分界线，左旋错断米场断裂；在谢鲁至良塘一带，断裂成为中丘(300～450m)与低丘、谷地(100～200m)的分界线。

(2)凤山断裂：在双凤大元肚，断裂错移了山前的多个山嘴和河流Ⅲ级阶地，同时也造成了山前冲沟的同步拐弯。

综上所述，巴马-博白断裂带巴马—马山段主要活动时代为早—中更新世，马山—横县段主要活动时代为早—中更新世，横县—寨圩段活动时代为中更新世中晚期，博白—茂名段主要活动时代为早—中更新世。

沿巴马-博白断裂带历史上共记录 $M \geqslant 4.7$ 的地震 12 次，其中 $M \geqslant 6.0$ 的地震 4 次。

五、都安-马山断裂带

该断裂带总体走向北北西，由 3 条断裂组成，它们分别为都安-马山断裂、九圩-地苏断

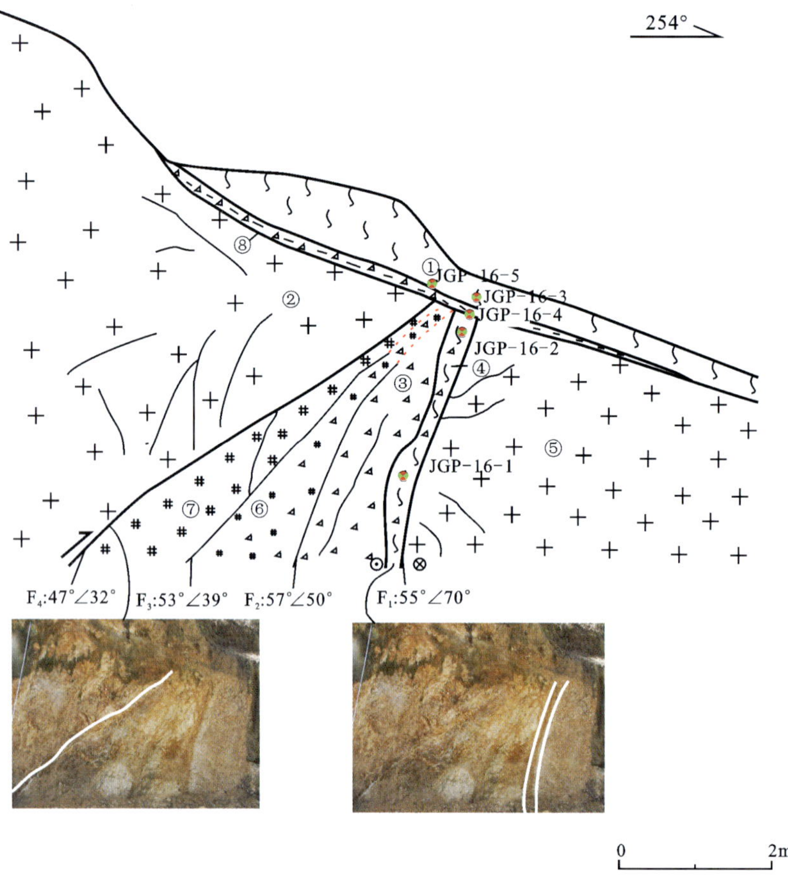

①第四系残坡积层；②风化花岗岩(较完整)；③花岗岩角砾；④黄色含角砾黏土；⑤碎裂化花岗岩；⑥碎裂岩；⑦破碎花岗岩；⑧深灰色标志层；采样点

图 2-33 蕉根坪南东 160°方向 1km 附近断裂构造剖面图

裂和甘湾-龙河断裂。

1. 都安-马山断裂

该断裂东南始于马山尉附近，往北沿刁晓山、弄儒山、三刁山、七星山东麓坡脚延至都安高岭南，走向 340°，倾向北东，倾角 40°～85°，长 30 余千米。高岭以北在卫星影像上有所显示，切割上石炭统至二叠系，属正断层。在都安县高速公路出口百才村附近见该断裂出露，破碎带宽约 200m，断面倾向北东，下盘断面为挤压性质，角砾定向排列，透镜体发育，大小在 90cm×15cm 左右，中部也可见，其余地方角砾为张性，为 17cm×10cm～6cm×2cm 的灰岩碎块，无定向性，方解石胶结(图 2-34)。综合判断断裂早期为挤压性质，晚期为张性性质。在都安以南至马山，断裂紧依山脚发育，有的地方可见断层角砾岩。断裂在地貌上有明显的反映，沿断裂形成平直的断层陡崖。由于断裂的活动，中生代晚期形成都安白垩纪断陷盆地。在马山六罗，在断裂中取方解石脉用热释光法进行年龄测试，结果为 340ka。在都安岜独山南取断层角砾岩中作为胶结物的方解石，用热释光法测得其年龄约为 200ka。

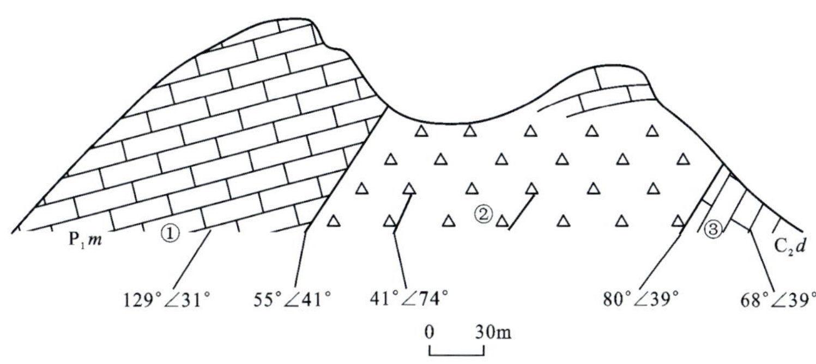

①下二叠统灰色厚层灰岩；②角砾岩带；③上石炭统灰色厚层灰岩

图 2－34　都安-马山断裂带（都安县高速公路出口百才村）构造剖面图

2. 九圩-地苏断裂

该断裂西北始于河池市三旺附近，经八万、地苏、乐圩、杨圩西，然后往东南与巴马-昆仑关断裂相复合，长约 150km，总体走向 330°～340°，地苏以南倾向以南西为主，地苏以北倾向以北东为主，倾角 40°～85°。断裂切割上泥盆统至中三叠统。断裂各处表现不一，有的地方以断层角砾岩出现，有的地方则表现为挤压，带内见挤压透镜体。在马山西南 2.5km 百禄见该断裂出露，破碎带宽约 60m，内部透镜体、劈理发育，劈理面倾向北东，内部已硅化，可见白色石英胶结泥岩碎块。本露头上覆一层褐黄色含砾黏土，断层未切入其中（图 2－35）。该断裂在乐圩至杨绿和三旺附近地貌上有反映，所经过之处为狭长的谷地，其余地段地貌上没有反映。在八万取断面附近挤压成片状的方解石脉用热释光法进行年龄测试，其年龄约为 200ka。

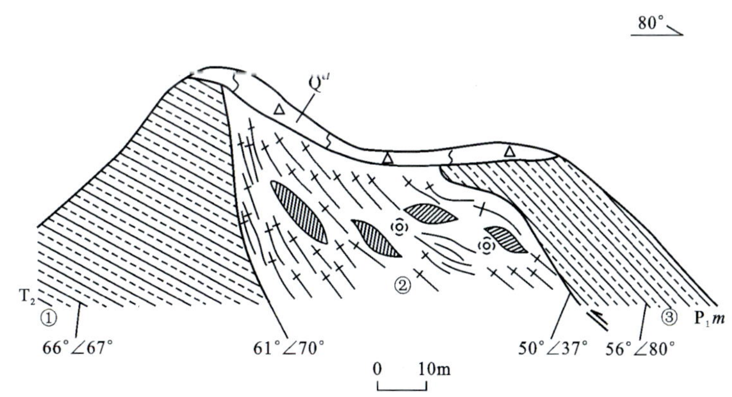

①中三叠统浅绿色中层粉砂质泥岩；②透镜体、劈理化带；③下二叠统浅绿色中层粉砂质泥岩

图 2－35　九圩-地苏断裂（马山县城西南 1.5km）构造剖面图

3. 甘湾-龙河断裂

该断裂长约 50km，在龙昌、敢巨可见破碎带，倾向南西西，对红水河Ⅰ级阶地无错动，线

性负地形发育。

综上所述，都安-马山断裂带为早—中更新世断裂。

六、百旺断裂带

该断裂带北端始于宜山龙头一带，经拉仁、加贵、百旺至塘红一带，长约100km，走向300°～340°，倾向以北东为主，倾角以40°～60°居多，切割石炭系至三叠系。破碎带宽数米至数十米，带内断层角砾岩发育。露头内的角砾岩表明，断裂带在新生代有过正断活动，说明断裂在新生代和第四纪以来有活动，尤以百旺一段明显。在弄宁村北东3km、红水河右岸，断裂带出露宽50m以上，主要由构造劈理化带、构造碎裂岩带和中央构造角砾岩带组成，其中中央构造角砾岩带宽约15m，由不同大小、磨圆度不同的角砾组成，泥质松散胶结（图2－36）；构造碎裂岩带宽30m左右，其中发育两组劈理。主断面上可见两期擦痕和阶步，指示早期运动方式为左旋走滑，晚期为正断性质，早期由铁质钙质胶结，晚期由钙质胶结。沿断裂带可见断层三角面、断层崖，负地形地貌发育。断裂带对红水河流向有一定控制作用，但未见断裂带对红水河Ⅱ级阶地有错移迹象。

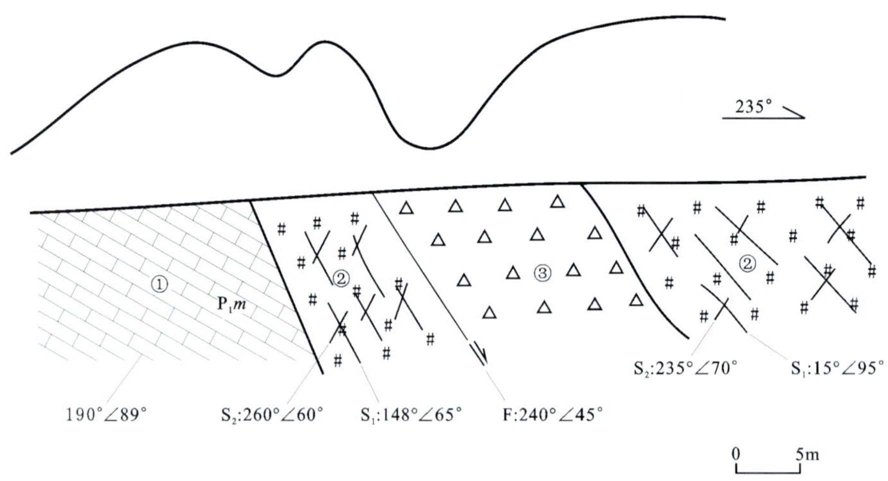

①下二叠统厚层灰岩；②断层破碎带；③断层角砾岩带

图2－36　百旺断裂带（弄宁村北东3km、红水河右岸）构造剖面图

地貌上线性特征明显。由于断裂带的活动，刁江在百旺盆地河曲非常发育，其阶地高度也低于红水河阶地，百旺东一小溪仅限于两断层之间发育。用热释光测得断层角砾岩中方解石的年龄为250ka，表明断裂在中更新世后期有过强烈的活动。方解石的显微构造观察表明，有两期方解石贯入：第一期方解石双晶极发育，有两组，双晶纹密集，其间距指数为40；第二期贯入第一期中，且未变形。这表明断裂带在250ka后的一段时期里仍有明显的活动。据调查，1900—1969年，沿断裂带发生3.0级以上地震共4次，最大震级为5.0级。1970年有仪器记录以来，1.0级以上地震沿断裂带呈条带状展布。

综上所述，百旺断裂带为早—中更新世断裂。

七、涠洲-斜阳断裂带

该断裂带通过涠洲岛和斜阳岛，走向320°。断裂带形成于燕山期晚期，切割燕山期形成的北东向断裂，表明它的形成晚于后者。断裂带在早第四纪（古近纪）已有明显活动，晚更新世以来活动不明显。

八、乌石西断裂带

该断裂带位于北部湾盆地，是乌石凹陷北界的组成部分，走向北西，倾向南西，长约30km。该断裂带在古近纪时对凹陷沉积中心的分布无明显控制作用，但自新近纪起则明显控制了厚度达2000m的新近系和第四系沉积中心。该沉积中心是北部湾盆地中两个最大的沉积中心。

第三节　北北东向断裂

该组断裂分布在桂北地区，总体走向10°～20°，倾向以西北为主，倾角50°～80°，长度大于200km。北北东向断裂形成于前震旦纪，长期活动，新生代以来有明显活动，并以挤压为主。北北东向断裂主要有三江-融安断裂带、龙胜-永福断裂带和资源-娄底断裂带。

一、三江-融安断裂带

三江-融安断裂带北自双河经三江、融安至洛崖，全长240km，区域内长约140km，总体走向20°左右，断面倾向北西西，倾角40°～80°，多为70°左右。断裂带切割元古宇至石炭系，断距1500～5000m不等。破碎带宽数米至数百米，带内构造透镜体、片理化、硅化、角砾岩、糜棱岩以及不同方向擦痕发育，多期石英脉穿插于构造岩之内，表现为逆断性质。该断裂带由多条近平行的断裂组成，包括拉马-龙美断裂、三江-融安断裂、三坡-柳城断裂。

1. 拉马-龙美断裂

在黑饭镇西南的县林科所附近见该断裂出露。断裂内部硅化带宽约4m，劈理化带宽约9m，内部为灰黑色泥质与硅化物质的混合物，泥质劈理有定向性。断裂东南砂岩透镜体带宽15m，透镜体大小不等，定向排列。断裂西北为灰绿色砂岩破碎带。根据断裂相关节理及劈理、透镜体发育情况判断，此断裂具逆断性质（图2-37）。断裂通过此处发育在河谷西北侧谷坡上，沿断裂负地形较为明显，线性地貌发育。该断裂还控制了大路底盆地的西北边界。1695年融水5½级地震发生在该断裂的南部。

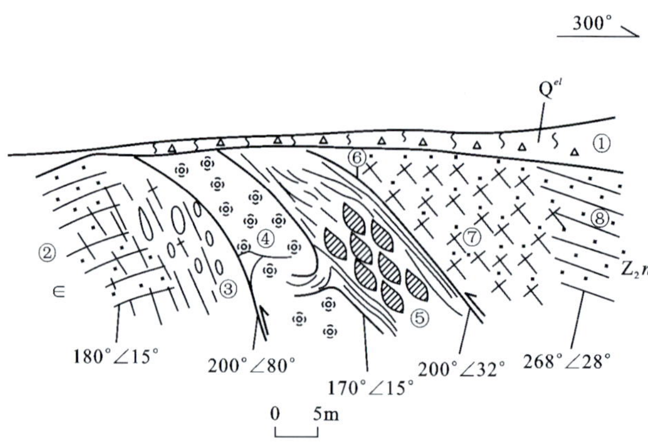

①含碎石褐红色黏土；②灰绿色砂岩；③含透镜体碎裂化砂岩；④硅化带；⑤透镜体及劈理化带；⑥黑色或灰白色断层泥；⑦劈理化砂岩；⑧灰绿色厚层泥质粉砂岩

图 2-37 拉马-龙美断裂(县林科所)构造剖面图

2. 三江-融安断裂

它在雪峰旋回和加里东旋回已有显著活动，海西旋回、印支亚旋回再次活动，分别控制了两侧岩相变化及岩浆活动。燕山亚旋回除局部在旁侧发育早白垩世断陷盆地外，还使印支期煌斑岩遭到压碎。第四纪以来，断裂两侧表现为升降运动，形成强烈的地貌反差。从晚期活动断裂带中断层泥的特征看，晚期活动以蠕滑为主，呈苔藓状结构、鱼鳞状结构以及橘皮状结构，石英颗粒表面则发育磨圆球砾，裂而不破以及搓粒缓慢剪切等蠕滑活动标志。断层物质大部分已硅化或劈理发育。但断裂通过地区线性特征明显，断裂控制盆地边界或通过线性谷地的谷坡，局部左旋错移融江支流。断裂总体呈现出左旋逆断性质。在下蚌冲东400m可见露头。破碎带宽100～130m，发育在震旦系和板溪群之间，主要变形发生在板溪群中。断面倾向北西、北西西，内部可见石英透镜体，大小在0.38m×0.1m～4m×1.5m之间。破碎带东侧变形强烈，西侧较弱。西侧仅见间距较宽的几个断面或尖棱褶皱变形形成的褶断，单条断层的破碎带在0.7～1.1m之间。东侧破碎带则宽20m。沿露头往20°方向观察，线性谷地发育。一条自西向东穿过破碎带的小溪在谷地边部形成跌水，跌水高约3m(图2-38)。谷地内Ⅰ级阶地发育，断裂未切入其内。谷地内未见基岩出露，地势较为平缓。该段断裂在早—中更新世应有过活动。

3. 三坡-柳城断裂

在老鸦岭南东300m见该断裂出露，破碎带宽约80m(图2-39)，内部透镜体发育，已硅化，大小在1.5m×0.9m～2.1m×4.6m之间，断面倾向北西西、北西，东南侧节理发育，西北侧透镜体发育，中部地层挤压弯曲至断裂。本露头发育在丘坡冲沟脊上，一条南东流向的小河切过露头下方，未见错动现象。往南观察，线性负地形不发育。该断裂沿走向为西部低山及东部灰岩丘陵的线状分界线，对地貌有控制作用。

三江-融安断裂带内曾发生过1510年5级地震、1695年融水5½级地震和1806年4¾级地震。综上所述，该断裂带为早—中更新世断裂。

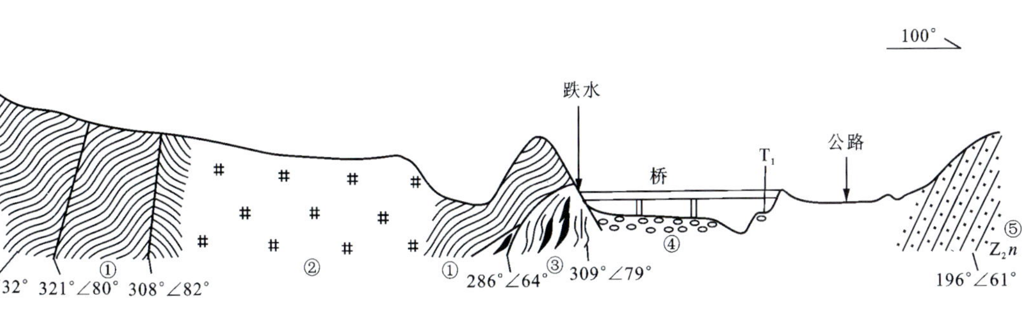

①灰一灰绿色薄层片岩；②碎裂岩带；③挤压破碎带；④河流冲积物（砾石层）；⑤浅灰绿色中层砂岩

图 2-38 三江-融安断裂(下蚌冲东 400m)构造剖面图

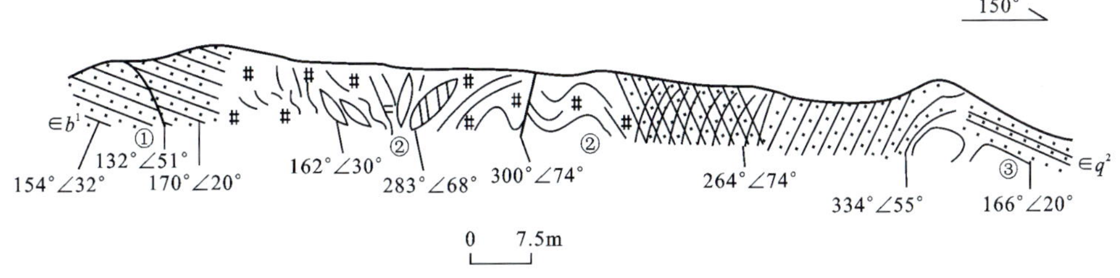

①浅灰绿色中层粉砂岩；②破碎带；③灰绿色厚层粉砂岩夹中薄层粉砂质泥岩

图 2-39 三坡-柳城断裂(老鸦岭南东 300m)构造剖面图

二、龙胜-永福断裂带

该断裂带西南起自广西永福县城附近，经龙胜、瓦屋塘至溆浦，长约 370km。在广西境内称龙胜-永福断裂带，在湖南称溆浦-五团断裂带。该断裂带主要由一组北东东向断裂组成，倾向西，倾角 50°～70°。断裂带宽数十米至百余米，切割元古宇—白垩系，断距在 300～2000m 之间。

断裂带经过永福北部的江州至龙胜，在拉搞北 100m 见断裂带露头，在寒武系灰黄色中厚层砂岩及白垩系紫红色中薄层泥质粉砂岩中发育次级断面、节理及方解石脉(图 2-40)，断裂影响宽度约 30m，主断裂通过位置被覆盖。次级断裂走向北东，倾向北西。产状为 315°∠48°的断面可见岩层被错断，发育牵引构造，显示其性质为正断，断面东侧见一方解石脉，厚约 8cm，内部有角砾，产状为 160°∠75°。产状为 314°∠77°的断面发育擦痕、阶步，指示断裂性质为左旋走滑，断面上覆有浅肉红色、灰黄色含砾黏土，厚 1～2m，断层均未切入其内，实地发育有负地貌，露头南为洛清江支流，发育Ⅰ级阶地，断裂对河床及阶步无错移。

该断裂带分带明显，断裂西侧地层受其影响，多被改造，劈理化和片理化明显，一般宽度达十几米至几十米；中间为破碎带，宽达几十米，主要由大小不等的构造透镜体、构造片岩、方解石脉和断层泥等组成。构造透镜体中可见早期构造片理或劈理；后期方解石脉切割早期构造片理(或劈理)以及构造透镜体，同时又被更后期构造片理错断。方解石脉中普遍发育一组共轭剪节理，再结合断层面上、节理片理面上的擦痕和阶步等运动学标志，龙胜-永福

为 161°∠54°、190°∠65°，晚期也发育两组构造劈理，产状分别为 339°∠56°、232°∠86°，局部可见构造透镜体和构造片理。早期构造岩由铁质碳质胶结，晚期构造岩由泥质胶结。主断面和次级断面上可见多期次擦痕和阶步，晚期擦痕和阶步指示其最新运动方式为正断。沿断裂带线状负地形地貌发育，断裂在地貌上成为高丘与低山的分界线，可见断层崖和断层陡坎，断裂通过处地貌上形成较大坡降。

在资源附近，断层物质的 TL 法测年结果显示，断裂在中更新世(130ka)有过活动。该段在卫星影像上线性特征明显，早期表现为压剪性，晚期表现为正断性质，对水系和盆地边缘有控制作用。该段断裂带自 1970 年以来仪器记录的中小地震发生的频度很高，为一条中小地震密集带。

综上所述，该断裂带为早—中更新世断裂。

第四节　近南北向断裂

近南北向断裂分布在区域的东部桂东北地区。断裂多数呈近南北走向的弧形状，倾向东或西，倾角以 45°～80°居多。断裂发育于上古生界，多数形成于印支期，新生代以来有不同程度的活动，最新活动时代为早—中更新世。主要有永福-武宣断裂带、栗木-马江断裂带和富川-钟山断裂带。

一、永福-武宣断裂带

该断裂带北起永福县城南，南抵武宣县东乡南，全长约 200km，由数条断裂组成，带宽 3～10km，总体走向 10°，主干断裂倾向西，旁侧断裂多倾向东，倾角在 50°～80°之间。

该断裂带在地球物理场上有明显反映，沿断裂带是一条显著的重力梯度带。断裂带形成于加里东期，此后长期活动，以压性为主，后期活动具张性，并有明显走滑性质。断裂破碎带宽数米至数十米，带内挤压破碎、构造透镜体、糜棱岩、构造擦痕等构造现象发育，不同期次的脉体表现出断裂带多期次的活动。

在樟峡村附近，可见破碎带。破碎带宽约 8m，内部表现为褶皱、劈理化(图 2－42)。褶皱形成牵引构造，初步判断具有正断性质，断面倾向北东东。断裂东北侧为土黄色中厚层泥岩，西南侧为紫红色—土黄色互层中薄层泥岩。劈理化带已固结成岩，有初步风化现象。该观察点发育在一地形低凹处，破碎带上覆残积物厚 1～2m，断裂并未切入其中。断裂通过地区局部为丘陵之间的鞍部。综上所述，该断裂带为早第四纪断裂。

该断裂带在新构造活动期仍有活动，在卫星、航空影像上断裂带极清晰。断裂带是桂中丘陵地区与大瑶山中山的分界，地形地貌反差巨大，沿断裂带断层崖、断层三角面气势恢弘。断裂带对河流地貌也有很好的控制作用，沿断裂带还有温泉出露。该断裂带上曾发生 5 级地震。从断裂带最新破裂面上的擦痕、构造角砾岩以及第四纪地貌等综合特征看，该断裂带新构造期运动方式以正断为主。

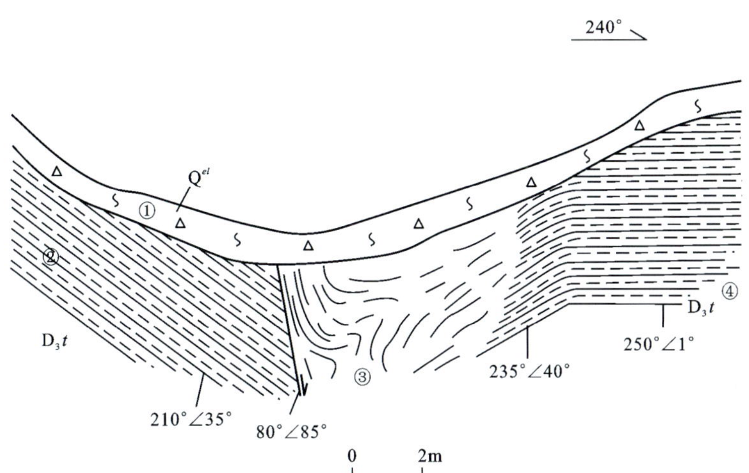

①残积物;②土黄色中厚层泥岩(粉砂质泥岩);③紫红色劈理化泥岩;④紫红色—土黄色中薄层泥岩

图 2-42 上高街(樟峡村西南 500m)构造剖面图

综上所述,该断裂带为早—中更新世断裂。

二、栗木-马江断裂带

栗木-马江断裂带是区域内最显著的一条南北向断裂带,北起恭城县栗木,经昭平县走马,至马江南,全长 200km。断裂带总体走向南北,北段和南段倾向西,中段倾向东,倾角在 30°~80°之间。断裂带为逆掩-逆冲性质,个别伴生断裂为倾向相反的正断性质。断裂在布格重力异常图上有一定显示,在航磁异常图上没有显示。

断裂带形成于印支期,切割寒武系到侏罗系,断距可达 1000m 以上。断层破碎带宽可达十余米,带内角砾岩化、硅化、黄铁矿化常见。总体表现出北强南弱的活动强度分异现象。

在昭平利步岭,断裂破碎带由几条或 10 余条小断层共同组成(图 2-43),带宽由几米至数百米,带内构造角砾岩化、糜棱岩化、硅化明显。新构造运动以来断裂带具有一定的活动性,表现在:沿断裂带出现负地形地貌,局部地段(狮子山-苏龙冲)断层三角面、断层陡坎发育;对现代水系有一定的控制作用,思勤江在利步岭附近直转弯;右旋错断山前冲沟和山脊。断裂未错断思勤江Ⅲ级阶地,原断层三角面上发育冲沟、冲槽,据此推断该断裂带主要在早更新世活动。

断裂带在新生代以来有活动,在卫星影像上断裂影象清晰可辨,断层崖、断层三角面发育,沿断裂带还发育与断裂带走向平行的河谷盆地,与两侧地形反差很大,沿断裂带还有温泉出露。与其新生代前活动一样,断裂活动同样表现出北强南弱的特点,但地震活动却表现出北弱南强的特征。

历史上,沿栗木-马江断裂带曾发生 4.7~5 级地震 4 次,全部发生在断裂带的中段和南段。综合地质地貌判断,该断裂带应为早—中更新世断裂。

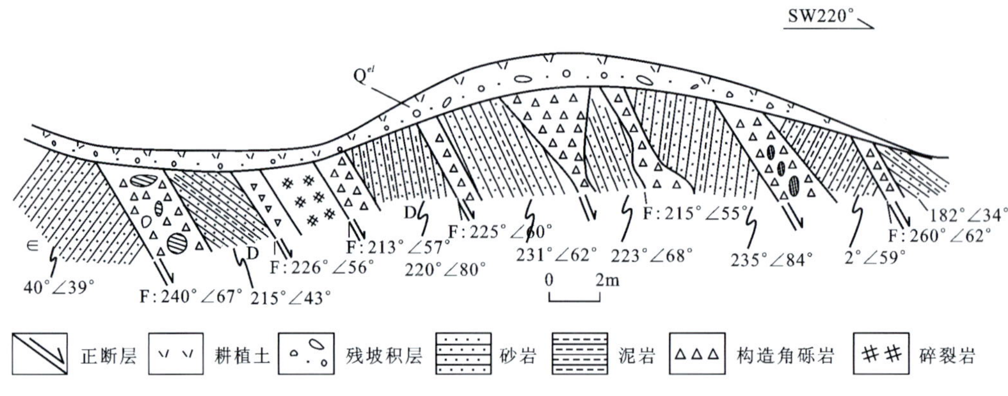

图 2-43 栗木-马江断裂带(昭平利步岭)构造剖面图

三、富川-钟山断裂带

该断裂带走向大致为南北向，北起湘桂边境的富川县小田，向南经古城、龟石、钟山县望高至贺县沙田以南，全长大于120km。北部沿富川复式向斜展布，由一系列平行断层组成宽数千米至10km的断裂带，向南变为一条。断面倾向变化较大，大部为倾向西的逆断层；部分为倾向东的正断层，使石炭系逆冲于侏罗系之上。该断裂与印支期褶皱关系密切，表明断裂在印支运动时出现。燕山亚旋回控制富川县小田、贺县西湾等早侏罗世含煤盆地层分布，以后断裂复活切过盆地。在西湾以西，该断裂带被古近系—新近系覆盖。据以上特点将该断裂带划属大断裂。该断裂带对局部地形有控制作用，在局部形成近南北向的谷地，如在富川一带。

在望高，断层破碎带宽20余米，带内有角砾岩发育，早期角砾岩被铁质紧密胶结，角砾大小不等，棱角明显，其中发育一组“X”形共轭剪节理，将角砾岩分割成棱块状，并有方解石脉贯入，方解石又呈劈理化、角砾岩化；晚期角砾岩发育于早期破碎带之中，是在早期角砾岩基础上发育起来的，宽2～3m，角砾大小不等，泥质松散胶结，可见宽10～20cm的断层泥(图2-44)。从早期错断的地层和晚期断面上发育的擦痕和阶步看，早期断层为由西向东逆冲，晚期为由东向西逆冲，兼有左行走滑分量。

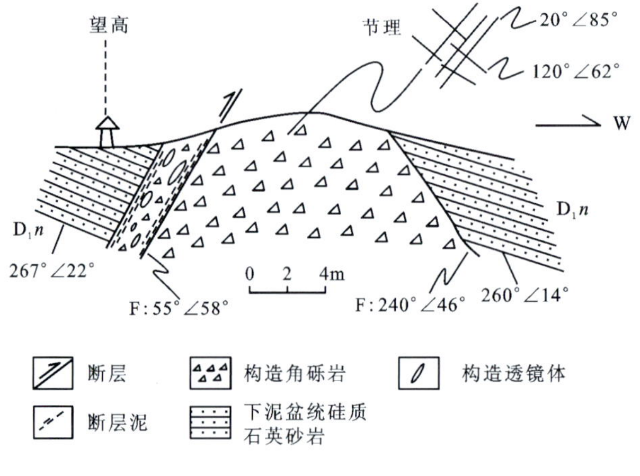

图 2-44 富川-钟山断裂带构造剖面图

在平桂矿务局西 2km 公路边可见石炭纪泥岩逆冲于侏罗纪石英砂岩之上，后期断裂穿过早期断裂(图 2－45)，主断裂宽约 20cm，其内断层角砾岩及断层泥发育。取热释光样 HZ－PG－01进行年代学测试，结果为(125.77±13.83)ka。断裂两盘石英脉被断错，断距约有 50cm，呈逆断性质。

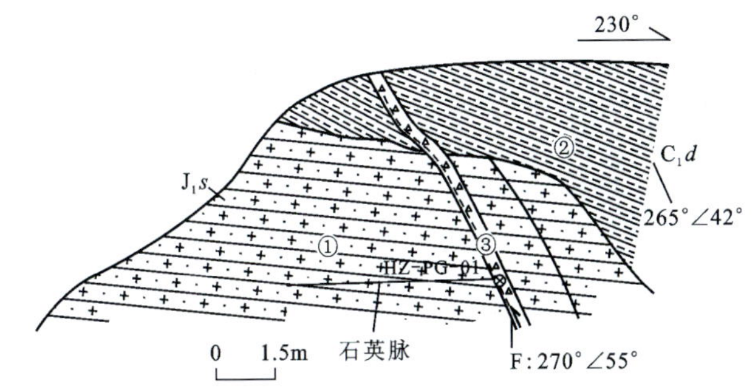

①石英砂岩；②薄层泥岩；③构造角砾岩和断层泥；⊗取样点位

图 2－45 望高-枫木山断裂(平桂矿务局西 2km 公路边)构造剖面图

综合判断，该断裂带在早第四纪有过活动。

第五节 东西向断裂

该组断裂分布在桂北地区，走向近东西，长 10～200km 不等，主要形成于加里东期和海西期，新生代重新活动，以倾滑为主，控制东西间断陷盆地的发育，主要有河池-宜州断裂带。

河池-宜州断裂带西起南丹附近，向东经河池、宜州至柳城附近，长约 300km。它是一条总体呈东西走向、中间部位向南凸出的弧形断裂带，由一系列大致平行的断裂组成。断裂带宽 5～20km，断面倾向南或北，倾角 70°左右。断裂切割泥盆系至三叠系以及白垩系，断距 300～500m。断裂破碎带宽数米至百余米，带内角砾岩发育，硅化、擦痕及牵引现象多见。沿断裂带有燕山晚期中酸性侵入岩，形成的蚀变带又被断裂切割、压碎。断裂带形成于海西期，燕山期活动强烈，喜马拉雅期仍表现继承性活动特征。

根据断裂带内部结构构造特征、遥感影像特征、最新活动时代和活动性质、新构造特征和地震活动性等方面的差异性，将河池-宜州断裂带划分为 4 个段：北段(南丹段)、西段(河池段)、中段(宜州段)、东段(柳城—英山段)(图 2－46)。北段为坡村和拉合村连线的分界线以北，断裂长约 60km；西段位于坡村和拉合村连线的分界线与板所和德胜镇连线的分界线之间，断裂长约 70km；中段位于板所和德胜镇连线的分界线与马山镇和寨隆镇连线的分界线之间，断裂长约 90km；东段为马山镇和寨隆镇连线的分界线以东，断裂长约 90km。其中西段和中段最为活跃，中更新世中晚期还在活动，西段和东段主要是在早—中更新世活动。

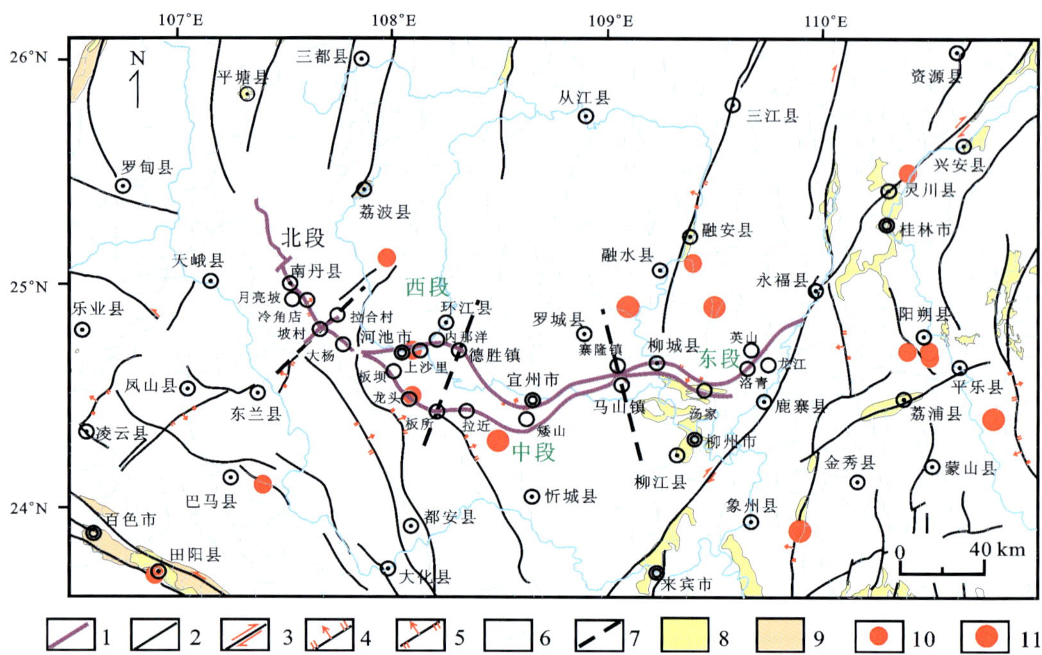

1. 河池-宜州断裂带;2. 前第四纪断裂;3. 走滑断层;4. 正断层;5. 逆断层;6. 水系;
7. 分段界线;8. 第四系;9. 古近系;10. 地震 4.0～4.9 级;11. 地震 5.0～5.9 级

图 2-46 河池-宜州断裂带分布及活动性分段图

1. 北段(南丹段)

以北东向木论-东兰-逻楼断裂带为界以北段落,主要为丹池断裂。断裂带内发育了数条近平行断裂,主干断裂表现出明显的压扭性质。遥感影像上断裂特征比较明显,表现为线性色调异常,局部错断两侧线状山脊和沟谷,沿断裂发育直线状的沟谷等。断裂带对两侧构造控制明显:东侧构造线为北东向,西侧构造线为北西向。断裂带两侧晚第三纪(新近纪)形成的夷平面高度不一,北东侧标高为 600～850m,南西侧标高为 450～550m。沿断裂带负地形地貌较清晰,可见断层三角面和断层崖;在南丹月亮坡处,断裂左旋错动山脊,从剥露出来的一系列次级滑动面上可见近水平擦痕与近直立正阶步。TL 法测得的断裂带中方解石的年龄在河池、九圩附近均大于 1000ka,而 ESR 法测得两件样品年龄均为 2000ka。在冷角店,断裂上覆盖一层坡积物(图 2-47),其中的似网纹状黏土年龄值为 108.11ka(据中国地震局地壳应力研究所,2008),未见有错断迹象。1970 年以来发生的 2.0 级以上和 2.5 级以上地震,沿丹池断裂集中分布,且都分布在丹池断裂东侧,与丹池断裂的倾向(东)一致,3.0 级以上地震很少发生。该段主要在早更新世活动,中更新世中晚期活动已明显减弱。

2. 西段(河池段)

以河池为中心,夹持于北东向木论-东兰-逻楼断裂带和德胜镇之间段落,主要为板坝-平里-福田断裂,河池-矮山断裂西段一部分。该段构造形态在平面上呈北西西向的“眼球”

状，两条主干断裂于河池附近收敛归并。在河池附近，断面陡倾，最新运动方式是以走滑为主兼具逆冲性质。遥感影像上线性特征清楚，断层三角面、断层陡坎发育，断裂错切山脊沟谷现象比较突出，红水河及支流等河流呈大角度改道，直角状水系发育。沿断裂负地形地貌明显，两侧地形地貌存在明显差异，其中东北侧为峰丛-峰林等喀斯特地貌，西南侧为丘陵地貌，两侧地形落差达 50m 以上。在板坝，断裂左旋错断山涧台地、山前冲沟和冲槽，同时又被晚更新世黄色残积物所覆盖（图 2－48）。龙头村、大杨、拉进等地的断层物质测年（TL 法、ESR 法）结果在 370～230ka 之间。1970 年以来发生的 2.0 级以上地震集中分布在该段不同方向断裂交会或分叉部位，与断裂倾向大体一致；3.0 级以上地震集中分布于河池断裂交会部位。以上特征说明该段断裂带在中更新世中晚期还有明显活动，晚更新世以来活动微弱。

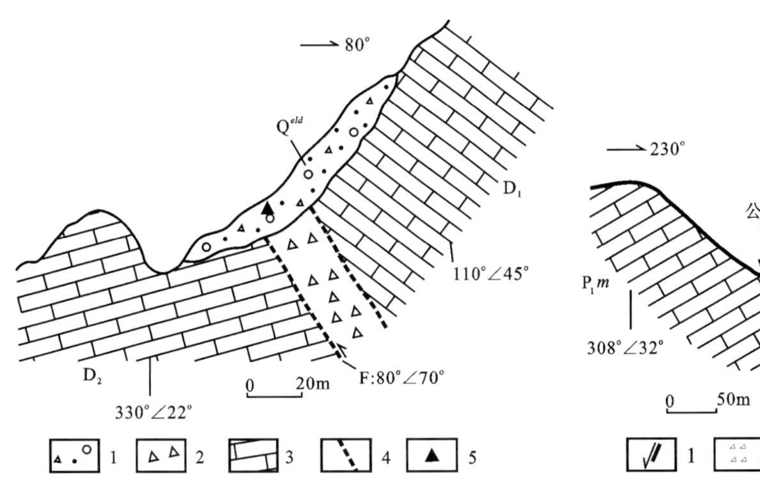

1. 残坡积层；2. 构造角砾岩；3. 灰岩；4. 断裂带；5. 取样点

图 2－47 北段断裂（冷角店）构造剖面图

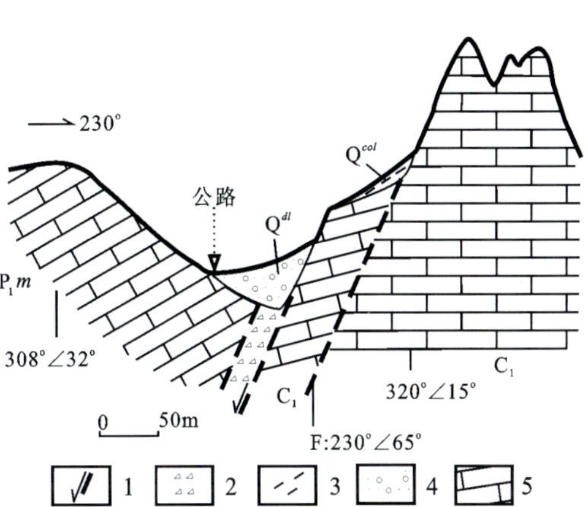

1. 正断层；2. 构造角砾岩；3. 崩积物；4. 坡积物；5. 灰岩

图 2－48 西段断裂（板坝村口）构造剖面图

3. 中段（宜州段）

以宜州为中心，夹持于德胜镇和马山镇之间段落，主要为河池-矮山断裂、上雷-江口断裂。该段有两支主断裂，表现为断面北倾向南逆冲的叠瓦状构造组合。遥感影像上线性特征清楚，断裂通过处负地形地貌特征明显，北盘地貌面比南盘要高几十米，断层崖、断层陡坎、断层三角面等构造地貌发育，控制龙江流向，直线状水系发育，形成第四纪小断陷盆地。在宜州内那洋，断裂对上覆似网纹状残积层（中更新世）有错断现象，形成台阶式下落；在河池上沙里附近，断裂左旋错断山前冲沟和冲槽，其时代相当于龙江Ⅲ级阶地；在矮山小学北东 200m 处断面上覆一层厚约 1m 的黄褐色残积层，未见断裂切入其中（图 2－49）。1970 年以来发生的 2.0 级以上地震集中分布在该段断裂带转折或交会部位，并与断裂倾向大体一致；3.0 级以上地震集中分布在宜州市断裂转折部位。以上特征说明该段断裂带在中更新世还有明显活动，晚更新世以来活动微弱。

续表 2-2

编号	名称	全长/km	走向	分段		第四纪活动性质	最新活动时代	地震活动
F_{12}	更新-凌云-那能断裂带	70～80	北东			逆断	Qp_{1-2}	与富宁-那坡-谅山断裂带以及靖西-崇左断裂带交会的部位有 2 次破坏性地震记录
F_{13}	木论-东兰-逻楼断裂带	200	北东			正断	Qp_{1-2}	
F_{14}	富宁-那坡-谅山断裂带	>400	北西			左旋走滑	Qp_{1-2}	3 次 5.0 级地震，2.0 级以上地震呈串珠状分布
F_{15}	靖西-崇左断裂带	250	北西			左旋走滑	Qp_{1-2}	1962 年和 1982 年在富宁分别发生 5½级和 5.8 级地震。2019 年发生过 1 次 5.2 级地震
F_{16}	百色-合浦断裂带	410	北西	西北段（隆安以西段）	百色以西段	左旋正断	Qp_3	1910 年和 1962 年分别在西林和田林八桂发生 4¾级和 5.0 级地震
					百色—思林段			
					思林—隆安段			
				中段（隆安—石湾）	隆安—包竹坪段	左旋逆断、正断	Qp_{1-2}	1751 年发生过 1 次 4¾级地震，1925 年、1930 年各发生 1 次 4¾级地震，在 1977 年发生 1 次 5.0 级地震
					妙楼—石湾段			
				东南段（合浦盆地段）		隐伏（正断）		至今没有超过 4¾级的地震记录
F_{17}	巴马-博白断裂带	>800	北西	巴马—马山段		左旋走滑	Qp_{1-2}	1875 年 6½级，1934 年 6¾级
				马山—横县段				
				横县—寨圩段				1958 年 5¾级地震
				博白—茂名段				1611 年 6 级，1890 年 6 级地震
F_{18}	都安-马山断裂带	150	北北西			正断走滑或逆断	Qp_{1-2}	
F_{19}	百旺断裂带	100	北西			正断	Qp_{1-2}	3.0 级以上地震 4 次，最大地震 5.0 级。1970 年有仪器记录以来，1.0 级以上地震沿断裂呈条带状展布
F_{20}	涠洲-斜阳断裂带	60	北西			正断	Qp_{1-2}	
F_{21}	乌石西断裂带	25	北北西			左旋正断	推测 Qp_{2-3}	1994 年 6.1 级和 1995 年 6.2 级
F_{22}	三江-融安断裂带	240	北北东			左旋	Qp_{1-2}	1510 年曾发生过 5 级地震、1695 年融水 5½级地震和 1806 年曾发生 4¾级地震
F_{23}	龙胜-永福断裂带	370	北东东			右旋	Qp_{1-2}	
F_{24}	资源-娄底断裂带	600	北东	东北段		逆走滑	Qp_{1-2}	1631 年在宁乡附近发生过 5½级地震
				西南段		正断		

续表 2-2

编号	名称	全长/km	走向	分段	第四纪活动性质	最新活动时代	地震活动
F_{25}	永福-武宣断裂带	200	近南北	北段	正断	Qp_{1-2}	1759 年 5 级地震
				南段	逆断		
F_{26}	栗木-马江断裂带	160	近南北	北段	逆断	Qp_{1-2}	在 1372—1665 年期间，沿断裂发生 $4\frac{3}{4}$～5 级地震 4 次
				中段			
				南段			
F_{27}	富川-钟山断裂带	120	南北		逆断	Qp_{1-2}	
F_{28}	河池-宜州断裂带	60	北西	北段（南丹段）	逆断	Qp_{1-2}	
		60	北西	西段（河池段）	走滑兼逆断		1926 年 $4\frac{3}{4}$ 级，1943 年 $4\frac{3}{4}$ 级地震，1900 年以来中小震时有发生
		90	近东西	中段（宜州段）	走滑兼正断		
		90	近东西	东段（柳城—英山段）	走滑兼逆断		

第三章　中强地震震例

一、昭平地震(1372 年 5 月 24 日—1665 年 9 月 21 日)

1. 震害简况

据史料记载,从明洪武五年四月二十一日(1372 年 5 月 24 日)昭平 5 级地震到清朝康熙四年八月十三日(1665 年 9 月 21 日)昭平 5 级地震,前后不到 300a 的时间内,据不完全统计,平乐、昭平等地区共发生过 4¾级以上中强地震 4 次,震中区多位于昭平附近,其等震级长轴方向为北北西向。

2. 震中区构造分析

昭平帚状构造是栗木-马江活动断裂中段构造,至少由 3 条断裂组成:西为沙子街-门楼村北东向断裂,东为大明源-势江村北北东向断裂,中间即恭城近南北向断裂。东、西两条断裂之间存在第四纪槽地,同时,昭平帚状构造被灌阳-衡阳断裂、荔浦断裂、宾阳-大黎断裂错切或位于这些断裂交会处,进一步增强了栗木-马江断裂末端应力储能和放大效应,使之产生中强地震群。

3. 发震构造分析

根据历史地震序列,如 1372 年昭平 5 级地震,1502 年昭平 4¾级地震,1520 年昭平 5 级地震,1665 年昭平-平乐 5 级地震(图 3-1)均分布于栗木-马江断裂及其与邻近断裂的交会或错切部位上,可见栗木-马江断裂为发震构造。

二、玉林地震(1686 年 1 月 1 日)

参考震中:110.0°E,22.8°N(玉林、贵港间)。

震级:5½级。

1. 震害简况

据清朝《梧州府志》《苍梧县志》《合浦县志》《高州府志》等地方志记载,上述四地在清朝康熙二十四年十二月初七(1686 年 1 月 1 日)发生地震。

2. 发震构造分析

该地震震中位于大容山花岗岩体内的构造-剥蚀盆地内,盆地基底及周边为海西期花岗岩。防城-灵山断裂带北段的大沙坪-六陈断裂与北西向的寒山断裂在此交会,前者在早—

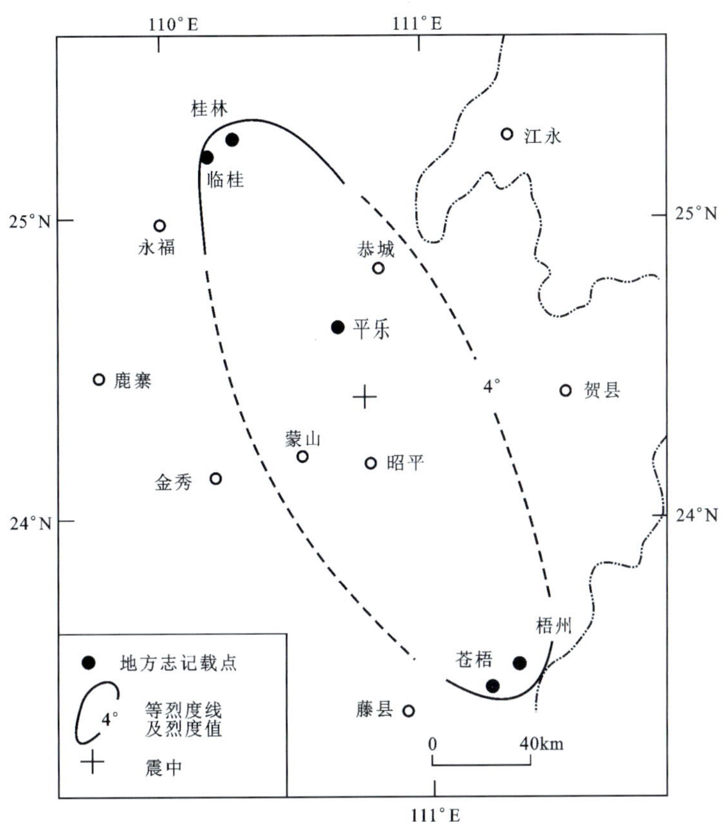

图 3-1　1665 年 9 月 21 日昭平-平乐 5 级地震

中更新世有明显活动；后者规模小，长约 40km，第四纪活动甚微，地震发生与这两条断裂活动有关。由于缺乏震中区破坏资料和微震资料，难以准确判断其发震构造。根据区域内现代发生的地震，凡震中区有北西向断裂者，发震构造多为北西向，推测寨山断裂为该地震发震构造。

三、广西融水地震（1695 年 2 月 15 日）

1. 震害简况

清朝康熙三十四年正月初三（1695 年 2 月 15 日）在广西融水西南发生 5½ 级地震。据记载，地震时，声如雷鸣，地动山摇，立者多仆，门窗尽毁。罗城、融水、柳城、柳州、蒙山、桂林、平乐、三江、全州等地的地方志均有记载。地震烈度大于Ⅳ度，等震线长轴方向为 45°左右（图 3-2）。

2. 震中区构造分析

震中区位于北北东向三江-融安断裂带上。该断裂延伸长达 240km，破碎带宽达百余米，曾右旋切断印支期花岗岩达 10 余千米。断裂表现为深切“V”形断层谷，谷坡多跌水。从

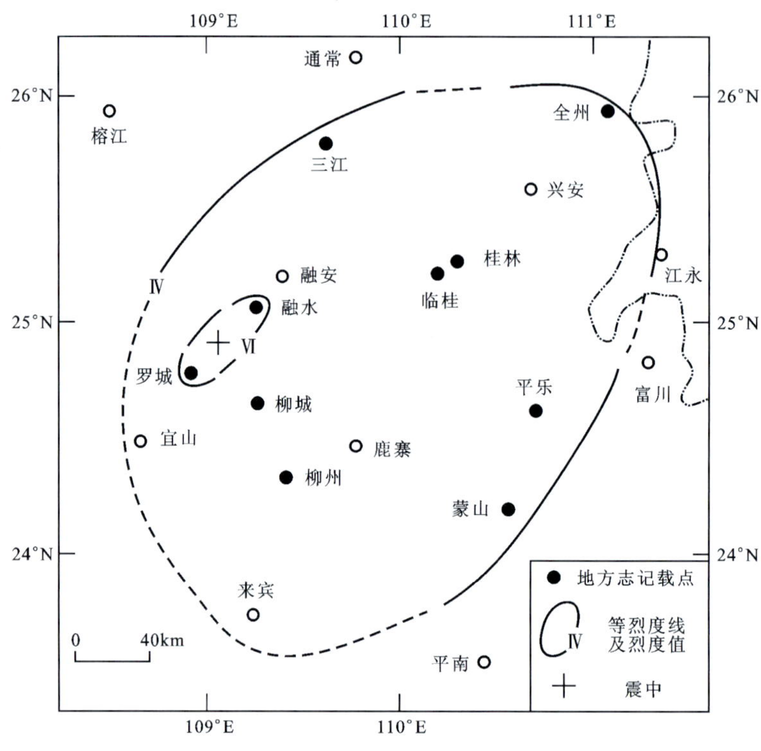

图 3-2　1695 年 2 月 15 日融水 5½级地震

断层泥中石英颗粒表面形貌特征分析，三江-融安断裂带中段以稳滑为主，地震少且弱，主要发生于南段。融水 5½级地震发生在该断裂带西侧断裂，即拉马-龙美断裂上。第四纪以来，由于断裂的逆冲活动，在拉马-龙美断裂上形成大路底压陷盆地，盆地西侧边界受断裂控制，表现为十分平直。融水 5½级地震发生在大路底盆地的西南角上，其他Ⅵ度区（烈度）长轴走向为北东，与断裂走向基本一致，表明拉马-龙美断裂是该地震的发震构造。

四、乐业地震（1875 年 6 月 8 日）

1. 烈度分布

地震时，凌云地区五指山上巨石崩裂滚落，砸毁部分城墙，由于史料缺乏，只能划出Ⅵ度破坏区和有感区两条等震线。Ⅳ度破坏区线呈椭圆形，长轴走向 330°，长约 800km；有感区域呈长椭圆形，长轴走向 320°，长约 210km（图 3-3）。

2. 震中所处构造部位

该次地震震中位于威宁-紫云-巴马-博白北西向断裂带的中段。该断裂带西北起自贵州威宁，向东南经水城、紫云。它可分为两段，即西北侧威宁-紫云断裂带，东南侧巴马-博白断裂带。具体地说，该地震震中位于巴马-博白断裂的西北端。

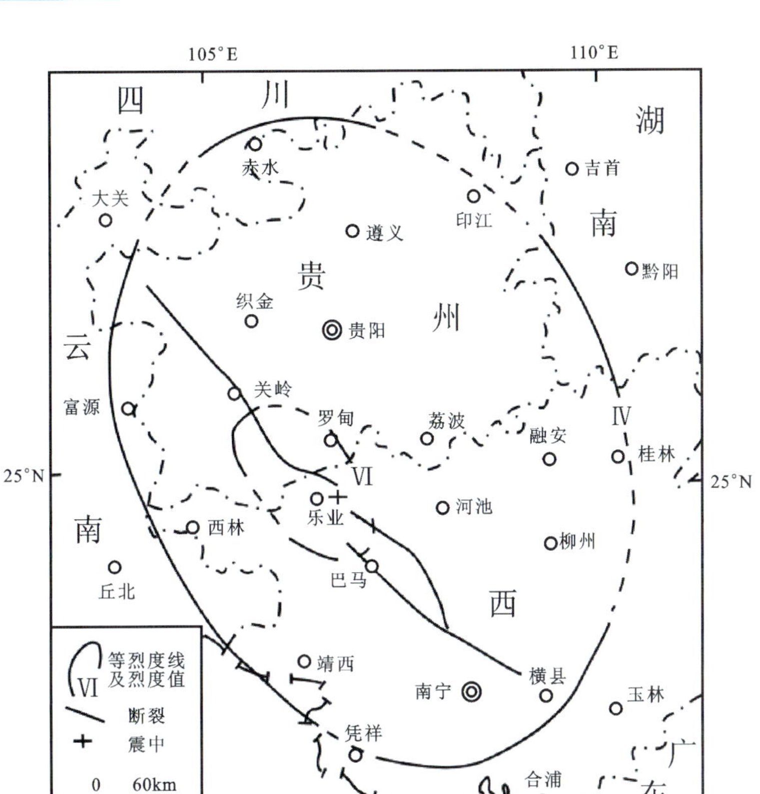

图 3-3　1875 年 6 月 8 日乐业 6½ 级地震等烈度线图

3. 震中区及邻近地区的断裂

震中区及邻近地区的断裂有北东向和北西向两组。

(1)北东向断裂为八茂-交良断裂带。该断裂带起自八茂东北，经八茂、百塘、交良至浪全一带，由一系列断续出现、略具雁列式的北东向断裂组成，全长 110km，破碎带宽 20～100m，断面呈舒缓波状。断裂带在新生代以来有活动，其东北段控制古近纪—新近纪盆地的发育，其后又切割古近纪—新近纪地层。

(2)北西向断裂为望谟-逻西-八南断裂带。它是巴马-博白断裂带的组成部分，西北始于望谟西，经逻西至八南一带，由一系列首尾相斜列的断裂组成，有的地方呈密集的断裂组，总长 100 余千米，破碎带最宽可达 150m 以上。该断裂带在早第四纪有过明显的活动，在河流地貌上有明显反映。

4. 发震构造分析

从烈度分布的长轴走向来看，该地震的发震构造应以北西向构造为主导，其走向大致与望谟-逻西-八南断裂带(巴马-博白断裂带的西北部分)一致，推测该断裂为主要发震断裂。但由于震中区有北东向断裂带的存在，北东向断裂与北西向断裂交会的部位是应力集中的部位，所以这个部位是发震的有利部位。

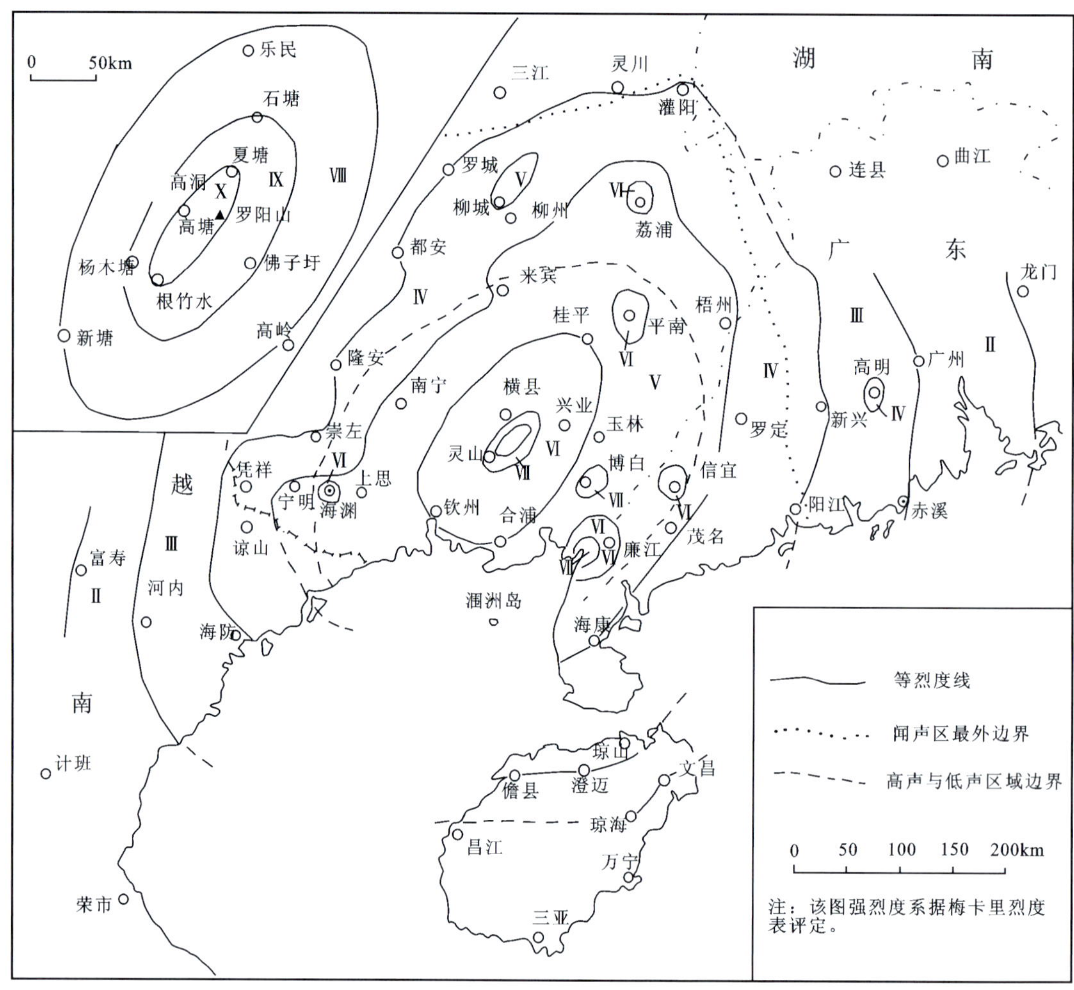

图 3-5 1936 年灵山 $6\frac{3}{4}$ 级地震等烈度线图(据陈国达，1939)

七、平果地震(1977 年 10 月 19 日)

发震时间：10 时 44 分 45.6 秒。

震中：107°29′E，23°24′N(平果龙来)。

震级：5.0 级。

震中烈度：Ⅵ度强。

1. 震害简况

据广西、广东、湖南 3 省地震队 1977 年 12 月提交的《平果 5.0 级地震调查报告》记载：极震区在平果县城关公社龙来大队、太平公社新圩大队及果化公社布绒大队一带，呈北西-南东走向的椭圆状，长轴 22km，短轴 11km，面积 190km^2。地震烈度线图见图 3-7。

极震区内，一类房屋许多纵墙外闪、凸肚，檐口普遍掉瓦，少数房屋墙体开裂，局部横条

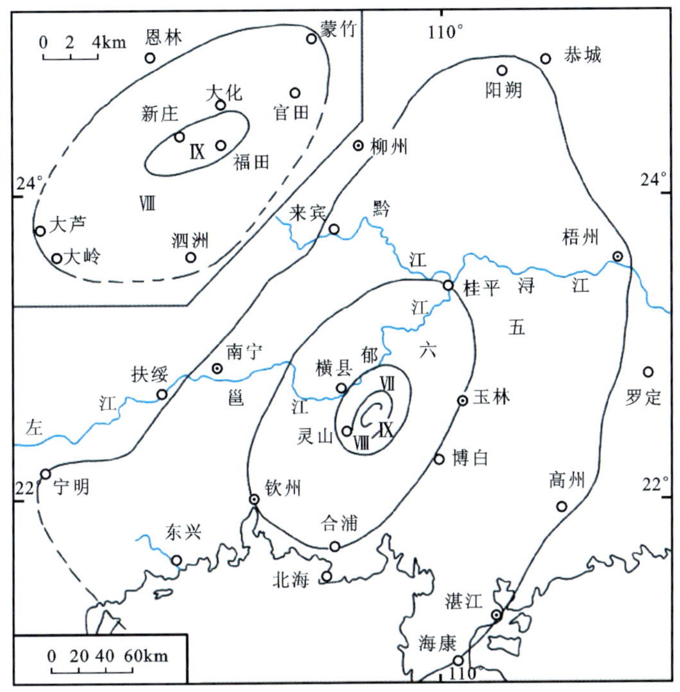

图 3-6　1936 年灵山 6¾ 级地震等烈度线图(据全国地震烈度区划编图组,1979)

或水平拉条松动,二类房屋一般轻微损坏,灰皮剥落,有的墙体开裂。极震区大量山石滚落和地下水普遍变化是平果地震突出的地表现象。

平果、隆安、田东 3 县部分地区为Ⅴ度区。房屋室内尘土飞落,个别二类、三类房屋原有裂缝加大,有的砖柱顶部松动。凌云县—凤山县为Ⅳ～Ⅴ度异常区,普遍有感,有的人惊逃到户外。这次地震损坏及倒塌房屋数百间,伤 37 人。

2. 震中区构造与地震发震构造分析

平果 5.0 级地震区位于平果背斜上,构造线为北西向。震区东南是雁江古近纪断陷盆地,西北是百色古近纪断陷盆地,两盆地锐角顶端指向震区。右江断裂带是通过震区的主要断裂构造,走向北西,在百色-南宁之间由 3～5 条断裂组成宽 5～10km 的断裂带。断裂切割寒武系—新近系,断距 100～900m 不等,内部透镜体发育,可见片理化、糜棱岩化、硅化现象。地貌上形成笔直的右江断层谷地。右江断裂带是本次地震的发震构造,特征表现为:

(1)右江断裂带从震区通过,并形成两头宽、中间窄的"杵状"。右江断裂带的主干断裂从震中西侧通过,而且是枢纽段。北东向断裂与右江断裂带在震区形成"会而不交"的格局。

(2)右江断裂带在第四纪以来具左旋活动性质,这次 5.0 级地震极震区(Ⅵ度区)的长轴走向为 320°,显示该地震震源断层的破裂方向为北西向;Ⅵ度区和Ⅴ度区形态为南西侧平直、北东侧凸出的弧形,反映发震断层产状倾向北东;Ⅵ度区和Ⅴ度区的形态还反映了地震烈度往南东方向衰减快,往北西方向衰减慢(图 3-7),表现出与第四纪以来右江断裂带的活动方向一致的特征。

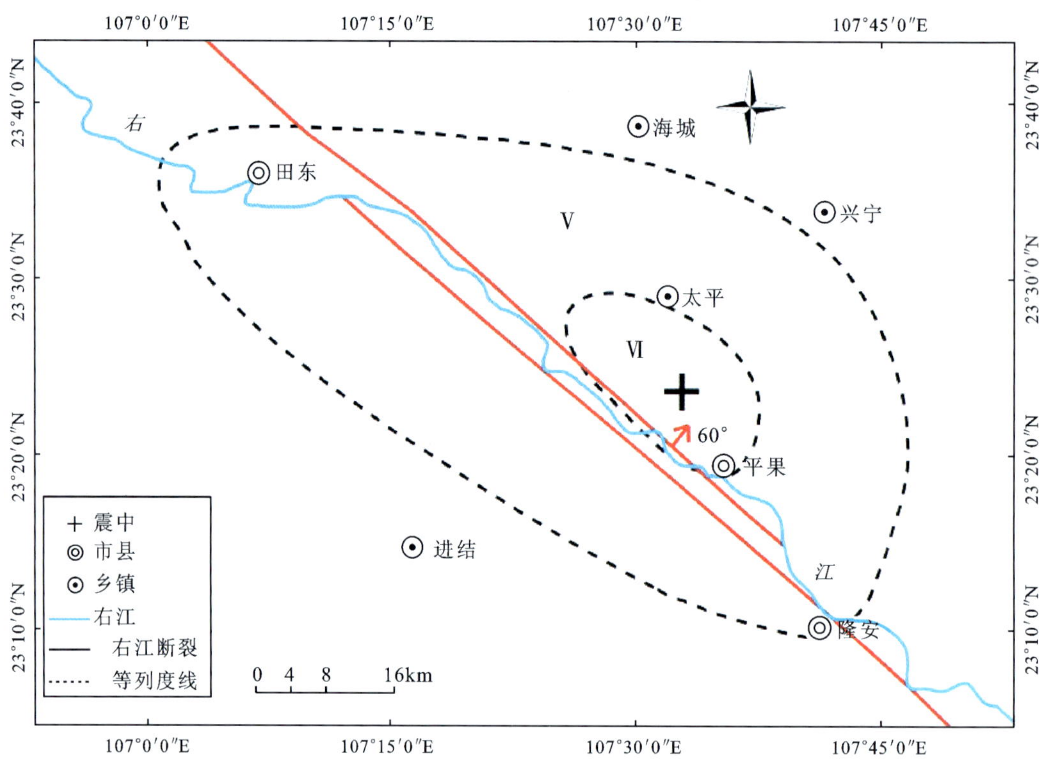

图 3-7 1977 年 10 月 19 日平果 5.0 级地震烈度线图(据莫敬业等,1990)

八、北部湾 6.1 级(1994 年 12 月 31 日)和 6.2 级地震(1995 年 1 月 10 日)

1. 震中参数

O:10-57-16.1

EPC:109°21′15″E,20°26′21″N(北部湾),H:7km

M_S:6.1,M_L:6.3

O:18-09-46.7

EPC:109°21′15″E,20°29′21″N(北部湾),H:11km

M_S:6.2,M_L:6.4

2. 烈度分布与震害

北部湾 6.1 级、6.2 级地震有感范围甚大,北至南宁,南至三亚,东至广州,均有不同程度震感。由于地震发生在海域内,无法确定宏观震中位置和极震区烈度。北部湾周边陆区的地震烈度调查范围包括广东、海南、广西三省(自治区)的 8 个市 24 个乡镇。两次地震的Ⅵ度、Ⅴ度等烈度线均呈北西走向,形态几乎一样(图 3-8)。两次地震导致 1 人死亡。6.1 级地震时中小学生因惊惶出逃导致挤伤、踩伤 400 余人,其中重伤数十人。

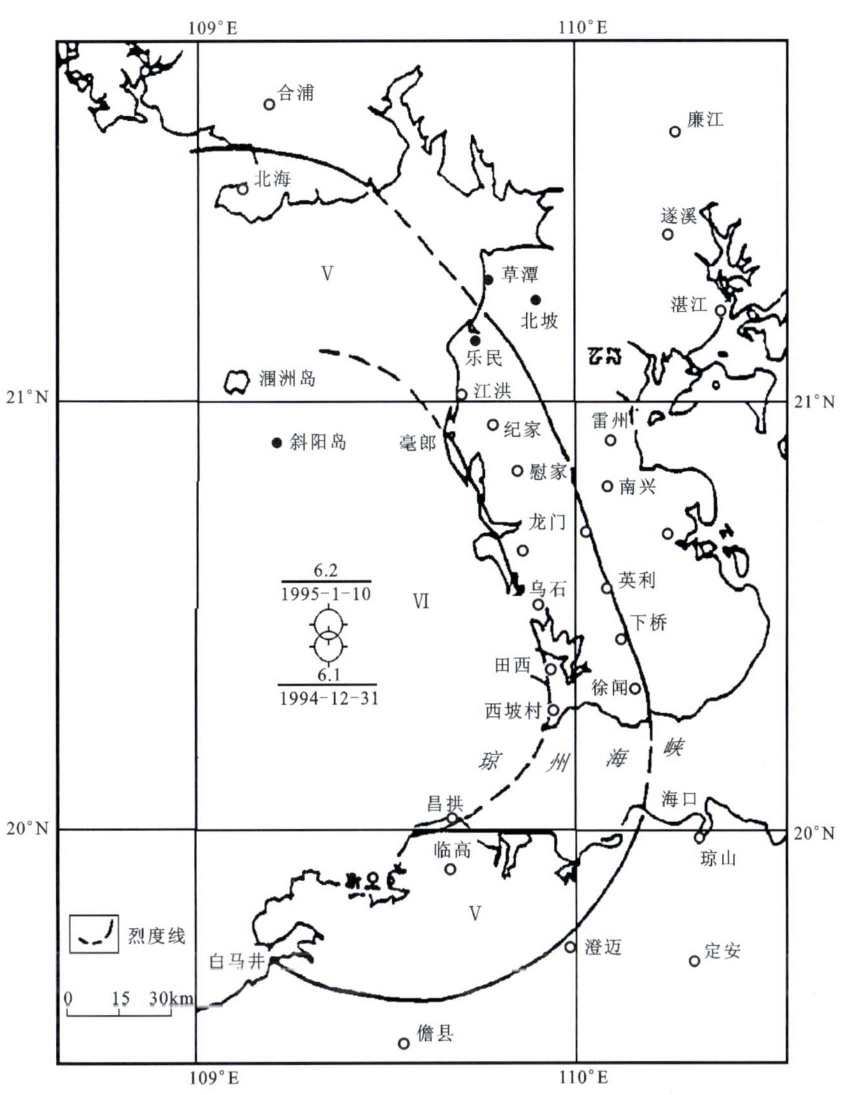

图 3－8　北部湾 6.1 级、6.2 级地震等烈度线

Ⅵ度区：陆区Ⅵ度等烈度线始于广东雷州市纪家镇豪郎村，沿雷州半岛西海岸经乌石村过徐闻鱼尾乡田西村、西坡村，穿越琼州海峡直至海南临高的昌拱村止。等震线长轴长约 130km。

毫郎村多为夯土墙或土坯墙，地震时部分民房产生小裂缝或滑瓦，有些旧裂缝扩大。6.2级地震时，坡塘肖家老房的夯土墙震落一块约 0.15m³ 的土块，砸死一位七旬老妇。西坡村民房多为玄武岩块垒砌，普遍开裂，裂缝最长达 2m，最宽达 1cm。裂缝往往穿过墙体，山墙上有垂直裂缝；部分房屋内墙坯灰大批震落；6.2 级地震时有 3 处围墙倒塌。昌拱村民房也以玄武岩块砌墙为主，墙壁多开裂，个别倒塌，还有错位现象。

Ⅴ度区：范围包括广西北海市、合浦县，广东雷州半岛西部近⅓的地区和海南临高等地区。等烈度线长轴长约220km。室内大部和室外部分人员有感，门窗玻璃作响，不稳定物翻倒。广西北海市第一中学一旧楼办公室天花板坯灰崩落，露出板条；该校一预制板二层教室的预制板与横梁拉开成缝。广东徐闻角尾镇供销店天花板抹灰层产生小裂缝，货仓堆放的砂锅、水缸震时倒下打碎。海南厚博镇中学二楼、三楼部分石砌柱分裂。

3. 震源机制解和地震主破裂面

利用粤桂琼三省及全国部分速报台（共46个台站）的 P、P_g 和 P_n 震相的初动记录，得到北部湾6.1级、6.2级地震震源机制解，结果见表3－1、表3－2和图3－9、图3－10。

表3－1　北部湾6.1级地震震源机制解　　单位(°)

节面Ⅰ			节面Ⅱ			P 轴		T 轴		B 轴		X 轴		Y 轴	
走向	倾向	倾角	走向	倾向	倾角	方位	仰角	方位	仰角	方位	仰角	方位	仰角	方位	仰角
341	71	71	207	297	26	45	60	266	24	168	18	297	64	71	19

注：震源机制解矛盾符号比为0.15。

表3－2　北部湾6.2级地震震源机制解　　单位(°)

节面Ⅰ			节面Ⅱ			P 轴		T 轴		B 轴		X 轴		Y 轴	
走向	倾向	倾角	走向	倾向	倾角	方位	仰角	方位	仰角	方位	仰角	方位	仰角	方位	仰角
343	73	65	248	338	80	117	10	23	25	228	63	337	10	73	25

注：震源机制解矛盾符号比为0.24。

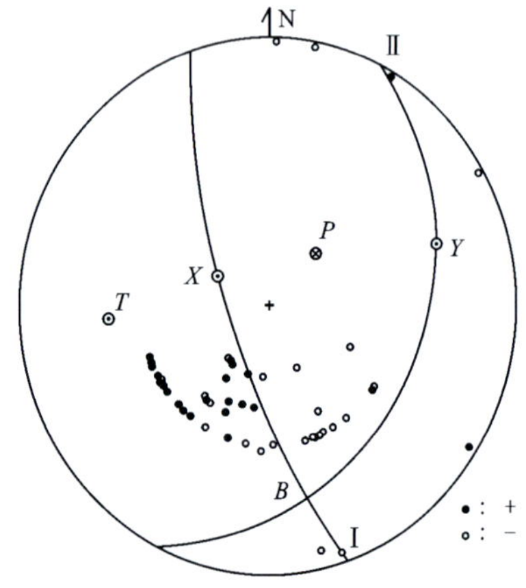

图3－9　北部湾6.1级地震震源机制解

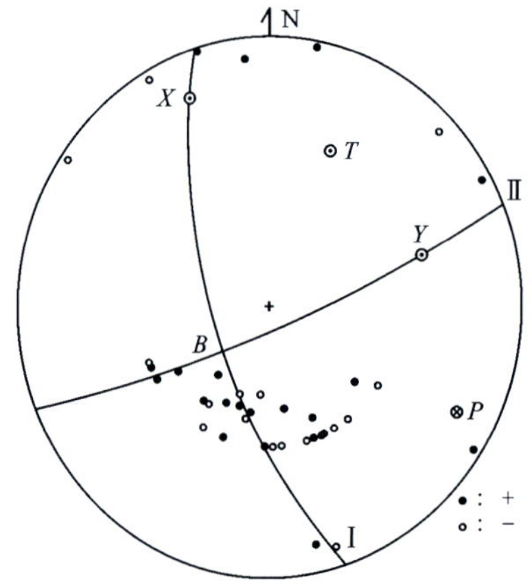

图3－10　北部湾6.2级地震震源机制解

据现场考察，6.1级、6.2级地震的等烈度线长轴方向均为北西向，地震序列中的 $M_L \geq 4.0$ 的地震也为北西向分布，2次地震的震源机制解都存在北西向节面，北部湾-临高北西向断裂为发震断裂，节面Ⅰ为地震主破裂面；但2次地震的错动方式有所不同，6.1级地震为右旋走滑错动，6.2级地震则为左旋走滑错动。

九、广西环江 4.9 级地震(1998 年 4 月 6 日)

1. 地震的基本参数

发震时刻:1998 年 4 月 16 日 11 时 13 分 26.7 秒。

微观震中:107°59′14″E,25°06′55″N。

宏观震中:107°54′54″E,25°07′34″N。

震级:M_S=4.9。

震源深度:11km。

震中烈度:Ⅵ度。

地震类型:主余震型。

余震情况及特点:主震发生后共有余震 7 次,其中 M_L>4.0 的余震 2 次,最大余震震级 M_{Lmax}=4.4。余震皆发生于主震后 16h 内,以后基本处于平静。

2. 烈度分布

地震宏观震中位于广西环江毛南族自治县木论乡长荣村一带,震中烈度为Ⅵ度。Ⅵ度、Ⅴ度等震线呈长轴北西向展布的椭圆状(图 3-11)。

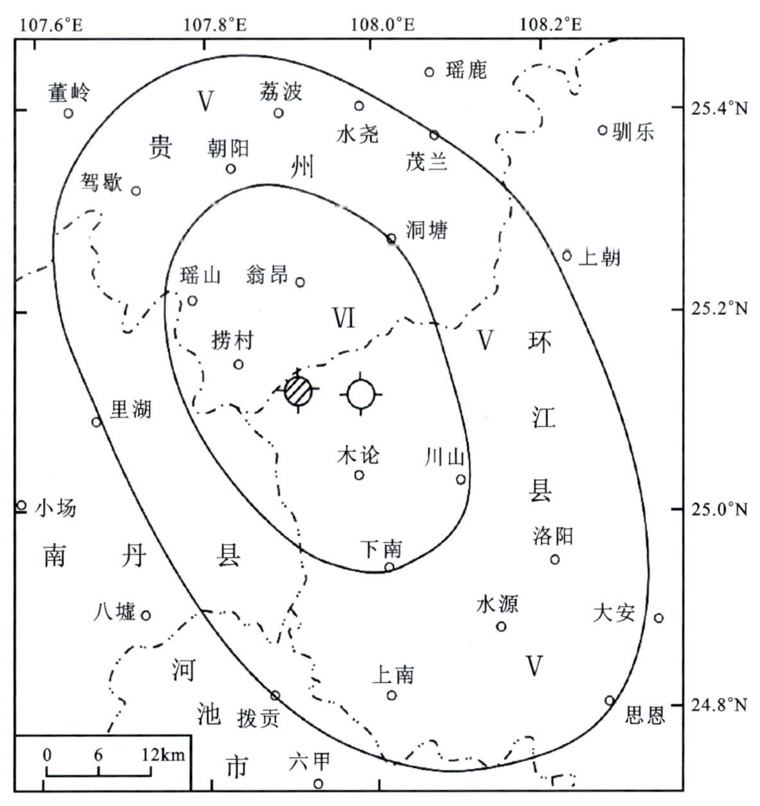

图 3-11 1998 年 4 月 6 日广西环江 4.9 级地震等烈度线图

3. 发震构造

震区位于云贵高原的东南边缘，是纵贯中国南北重力梯度带南延地段，新构造期间，震中及其西北地区强烈隆起，侵蚀基准面标高在300m左右，最高山峰超过1200m，相对高差一般400～500m，属低山—中低山区。区内基岩裸露，岩溶发育，沟壑纵横，多形成陡峭山峰，喀斯特地貌壮观。而中部一带属差异隆起区，风化侵蚀基准面标高在200m左右，山峰最高不超过800m，相对高差为200～300m，属低山丘陵区。震中区恰处于上述两类地形接壤部位，地貌反差十分明显。

震区一带断裂构造发育，大致可分为两组主要断裂系统：一组为北北东走向，以川山-下南断裂带为代表；一组为北西向，以水源-木论断裂为代表。

北西向断裂一般规模短小，分布亦稀疏，但这组断裂往往切割或限制了其他方向的断裂。该组断裂断面平整，近水平擦痕发育，在平面上左行平移特征明显，卫星影像上线性特征清晰。水源-木论断裂是震区发育规模最大的一条断裂。该断裂沿塘丰、里腊、塘万至木论南一带呈320°方向直线延伸，长约20km。沿断裂多深切成沟，并有落水洞沿线分布，一系列北西向山沟溪水受其明显控制。断裂在地表出露不好，在里腊东南剖面上断裂倾向40°，倾角60～80°，破碎带宽约1m，带内主要为碎裂岩，并见极少量断层角砾岩和挤压片理带。断面平整光滑，一组近乎水平斜擦痕清晰新鲜，非常发育。擦痕倾伏方向约320°，倾伏角10°左右，紧靠断面西侧为落水洞，深7～8m。断裂两侧一组与断裂方向一致的剪切节理密集成带，总宽约15m，密度达2～3条/m。这些节理后期均为张性裂开，无充填物，宽者达10cm，一般2～3cm。甚低频地球物理测试亦证明该断裂的存在。从断面擦痕、片理等分析，断裂上盘向北西方向错移并向下降落，断裂性质为左行张剪性。新构造期间由于区域抬升，断裂显张性裂开。对从断裂旁侧发育的同方向小断层中采集的断层泥进行扫描电镜分析，结果显示，这些小断层在中新世、早更新世至晚更新世均有活动，活动方式以黏滑为主，从而间接证明水源-木论断裂是一条第四纪活动断裂。

木论以北，地表上断裂迹象不清，但甚低频地球物理探测亦显示断裂破碎带存在，卫星影像显示线性构造断续北延，直达荔波捞村一带。

调查显示，从木论至下荣为一笔直的北西向山谷，谷呈“V”形，长度在10km以上，在当地喀斯特地貌山区中非常醒目。在沿此山谷东坡开挖的公路上多处见到密集的节理，裂隙带和几条规模不大的小断层。例如下荣小学旁，节理裂隙带宽约20m，大致有3组，其产状分别为：①倾向30°，倾角55°；②倾向180°，倾角45°；③倾向10°～15°，倾角50°。其中以①、③组最发育，密度可达10条/m，节理面上近水平擦痕清晰。在更军一带见到2条小断层，倾向30°，倾角85°。断层力学性质为张性，破碎带以断层角砾岩为主，旁侧同方向裂隙中有方解石脉充填，未见破碎现象。

通过考察，推测水源-木论断裂从木论往北极有可能以断续相连的小断层形式继续北延通过极震区，地表上则表现为节理、裂隙密集带。

北北东向断裂虽然是区内最为发育的一组断裂，规模大，遍布近场区，但其新构造运动期间活动性相对较弱，下南-川山断裂带也是如此，因而北北东向断裂不是1998年4月16日环江4.9级地震主要的发震构造，应为控震构造。

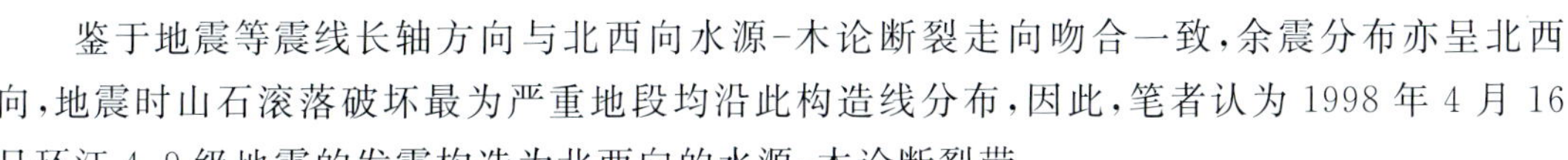

鉴于地震等震线长轴方向与北西向水源-木论断裂走向吻合一致，余震分布亦呈北西向，地震时山石滚落破坏最为严重地段均沿此构造线分布，因此，笔者认为1998年4月16日环江4.9级地震的发震构造为北西向的水源-木论断裂带。

十、苍梧5.4级地震（2016年7月31日）

震中：111.56°E，24.08°N（广西梧州市苍梧县）。

震级：5.4级。

1.震害简况

本次地震共造成2.55万人受灾，紧急转移安置2067人；倒塌房屋5户10间，严重破坏房屋7户13间，中等和轻微破坏房屋1626户3251间；农作物受灾面积80.6hm²（1hm²＝10 000m²），其中成灾45.6hm²，绝收1.4hm²；直接经济损失10 204.41万元，其中家庭财产损失1 443.57万元，基础设施损失6 060.03万元，公益设施损失2 022.81万元，工矿企业损失495.7万元，农业损失182.3万元。地震未造成人员伤亡（截至2016年8月5日）。

2.地震影响烈度

地震发生后，现场应急工作队根据《中国地震烈度表》（GB /T 17742－2008）（中华人民共和国国家质量监督检验检疫总局等，2009）和《地震现场工作：第三部分调查规范》（GB/T 18208.3－2011）（中华人民共和国国家质量监督检验检疫总局等，2012）对灾区146个居民点的震害进行了调查，并且参考震源机制解及余震分布等资料，确定了此次地震极震区为Ⅶ度区，等震线呈椭圆形，长轴总体呈近南北向（图3－12）。

Ⅵ度区及以上的区域总面积约1160km²，共涉及梧州市苍梧县、贺州市八步区和平桂区9个乡镇、45个行政村、24 344户、107 005人。其中，Ⅶ度区长轴长12km，短轴长8km，面积约70km²，涉及人口2239人；Ⅵ度区长轴长52km，短轴长28km，面积约1090km²，涉及人口104 766人。

Ⅵ度区：砖混结构房屋少数墙体出现细微裂缝；砖木结构房屋少数墙体开裂、梭掉瓦；土木结构房屋个别局部倒塌，部分墙体开裂、梭掉瓦。工程结构震害：地震造成沙头镇参田村、大坪村和石川村出现停电情况；11处山体崩塌，导致房屋破坏和部分道路受损，影响交通运行；大树压线，导致大宁—桂岭段乡镇光缆中断，造成4个电信通信基站受损退服。

3.地震构造分析

从等震线结果来看，2016年苍梧5.4级地震发生在贺街-夏郢断裂以西、主断面倾向的一侧，等震线呈椭圆形，长轴近南北向，与贺街-夏郢断裂走向基本一致；从精定位后余震分布来看，长轴为北东东向，短轴呈北西向；从震源机制解结果来看，此次地震的主压应力方向为北西西向，节面Ⅰ走向北北西，呈左旋走滑运动性质，节面Ⅱ走向北东东，呈带正断分量的右旋斜滑运动性质。震中区附近地震地质调查结果表明，贺街-夏郢断裂中段活动性最强，晚更新世还在活动。综上所述，贺街-夏郢断裂中段为苍梧5.4级地震的发震构造。

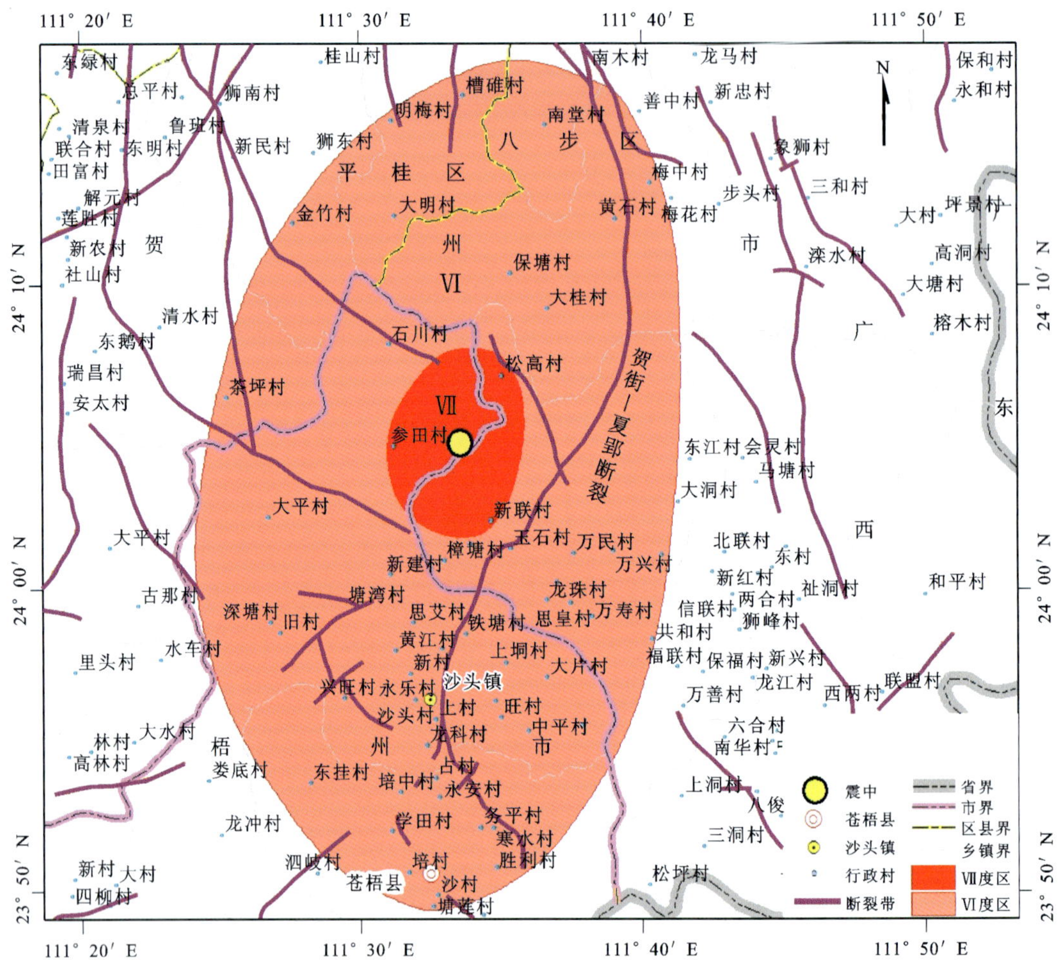

图 3-12　广西苍梧 5.4 级地震烈度分布图

十一、北流 5.2 级地震(2019 年 10 月 12 日)

发震时间:2019 年 10 月 12 日 22 时 55 分。

震中:22.18°N,110.51°E(北流市六靖镇)。

震级:5.2 级。

震源深度:10km。

震中烈度:Ⅵ度。

1. 震害简况

此次地震灾区极震区烈度为Ⅵ度,宏观震中位于北流市六靖镇,等震线呈椭圆形,长轴总体呈北西走向(图 3-13),共造成广西、广东 5 个乡镇受灾。Ⅵ度区涉及广西北流市六靖镇、石窝镇及清湾镇,广东化州市平定镇、播扬镇,长轴长约 19km,短轴长约 10km,面积为 141km^2。

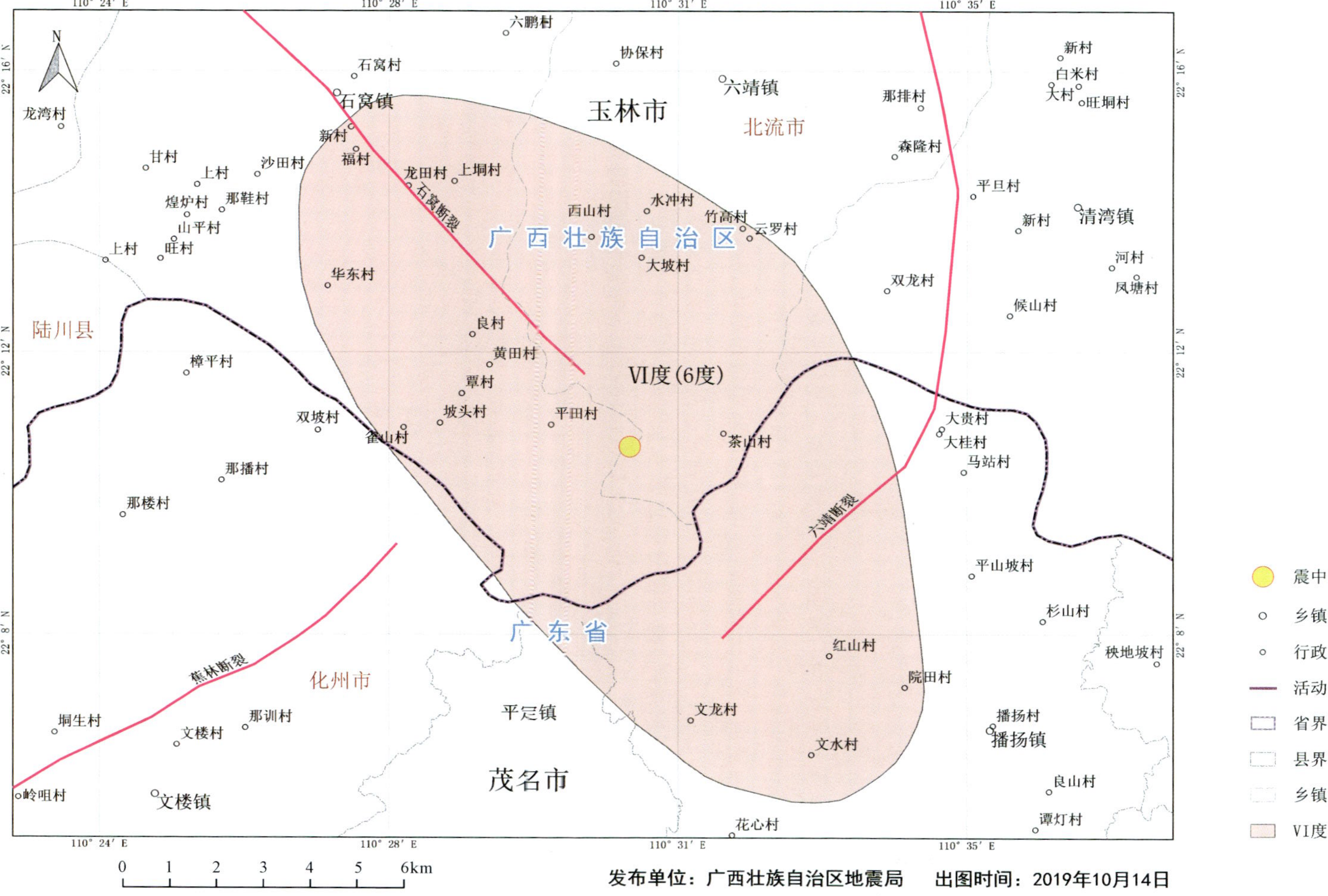

图 3－13　广西北流 5.2 级地震烈度图

2. 震中区构造与地震发震构造分析

北流5.2级地震位于巴马-博白断裂带博白—茂名段，震中区发育北西向石窝断裂和近南北向新丰断裂，这两条断裂新生代以来均具有较强的活动性，其中新丰断裂控制了总体地貌格局，构成相对隆起和凹陷部位的分界线；石窝断裂宽约75m，可分为密集节理带、构造碎裂岩带和构造角砾岩带，多期活动性明显，发育有笔直的“V”形线状谷地，在米场附近分布有低温温泉。从地震烈度图Ⅵ度区长轴看，其走向与北西向石窝断裂一致并向其南西一侧凸出，余震绝大部分分布在石窝断裂的南西盘(图3-14)，与震源机制解中北西向节面产状相符。综合地表断裂构造调查、地貌调查、建筑物震害特征、地震烈度图形状、震源机制解及余震分布特征，判断北流5.2级地震发震构造为北西向石窝断裂。

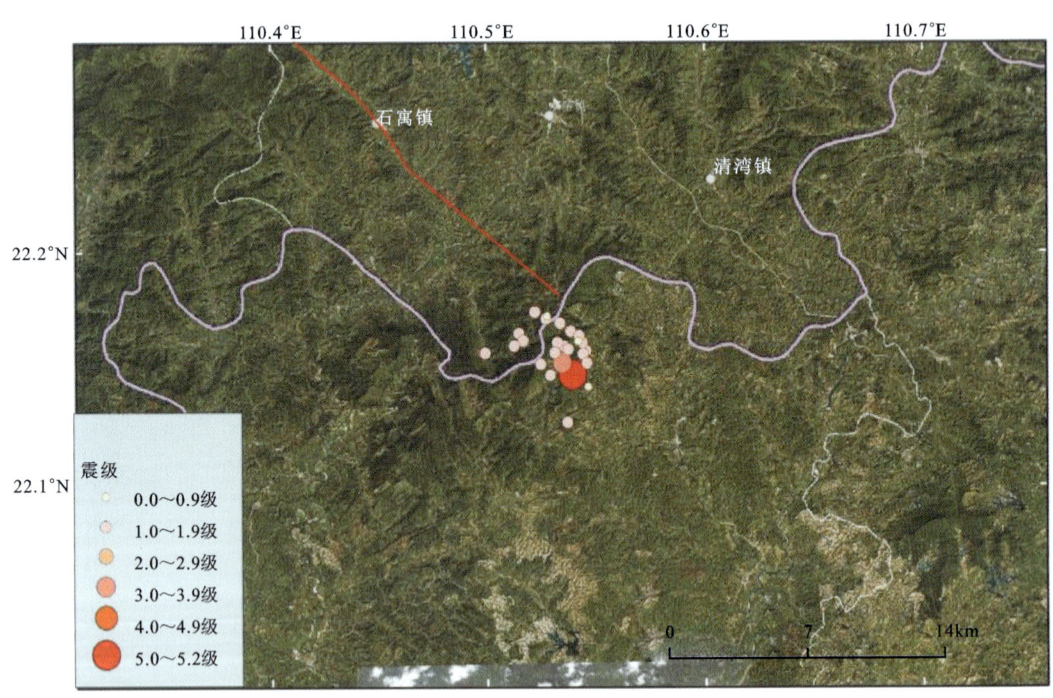

图3-14　广西北流5.2级地震主余震震中分布图(截至2019年11月8日15时21分)

十二、靖西5.2级地震(2019年11月25日)

发震时间：2019年11月25日9时18分。

震中：22.89°N，106.65°E(百色市靖西市湖润镇)。

震级：5.2级。

震源深度：10km。

震中烈度：Ⅵ度。

1. 震害简况

此次地震灾区极震区烈度为Ⅵ度，宏观震中位于广西靖西市湖润镇，处于中国和越南边境地区，越南境内无调查资料，地震烈度图形状不完整。此次地震共造成广西4个乡镇受灾。

Ⅵ度区涉及广西靖西市湖润镇和岳圩镇，大新县下雷镇和硕龙镇，中国境内东西长19.2km，南北长8.4km，面积为118km²（图3－15）。

Ⅵ度区灾害表现为砖混结构房屋墙体的水平/竖向/斜向轻微裂缝、砖混结构房屋装修层小范围脱落、水泥地面出现裂缝、水塔倾斜。此外，地震引发Ⅵ度区内多处崩塌、山石滚落、冒浑水等次生地质灾害。

2. 震中区构造与地震发震构造分析

靖西5.2级地震位于北西向靖西－崇左断裂带和北东东向下雷－灵马断裂带的交会部位，震中区发育北西向黑水河断裂和北西向归春河断裂及北东向下雷－上映断裂，这3条断裂新生代以来均具有较强的活动性。其中，黑水河断裂左旋错断一系列山脊和第四纪台地，沿断裂曾多次发生中强地震；归春河断裂影像上显示为平直断裂谷，在坡沙—布替段，断裂两侧Ⅰ级和Ⅱ级阶地存在明显高差；下雷－上映断裂地貌上形成一条平直凹地，卫星影像上负地形地貌明显。宏观地震调查表明，等震线的长轴呈北东东向展布（图3－15），余震也呈北东东向展布（图3－16），Ⅵ度区线和主余震都围绕着下雷－上映断裂西南段分布。震源机制解显示发震断裂为逆冲性质，与下雷－上映断裂西南段的运动性质相符。综合地震地质调查、地震宏观调查和余震分布范围，判断北东向下雷－上映断裂为本次地震的发震构造。

十三、德保4.8级地震（2021年8月4日）

发震时间：2021年08月04日19时12分。

震中：23.38°N，106.71°E（百色市德保县）。

震级：4.8级。

震源深度：10km。

震中烈度：Ⅴ度。

1. 震害简况

震区最高烈度为Ⅴ度（5度），宏观震中位于广西德保县足荣镇。等震线呈椭圆形（图3－17），长轴长为51km，短轴长为37km，面积为1594km²。地震共造成百色市德保县、田阳区2个区县，共12个乡镇受灾。Ⅴ度（5度）区主要涉及德保县足荣镇、那甲镇、城关镇、隆桑填、马隘镇、荣华乡、燕垌乡、龙光乡和巴头乡，田阳区坡洪镇、五村镇和巴别乡。

2. 震中区构造与地震发震构造分析

本次地震发生在百色－合浦断裂带与靖西－崇左断裂带之间，前者在早、中更新世—晚更新世有过活动，后者为早、中更新世断裂。通过震中附近的垌干－摩天岭断裂，为一条走向北东东的高角度断裂，破碎带宽约20m，断裂最新活动性质为左旋走滑，与震源机制解北东向节理面较为符合，判断垌干－摩天岭断裂为本次地震的发震构造。

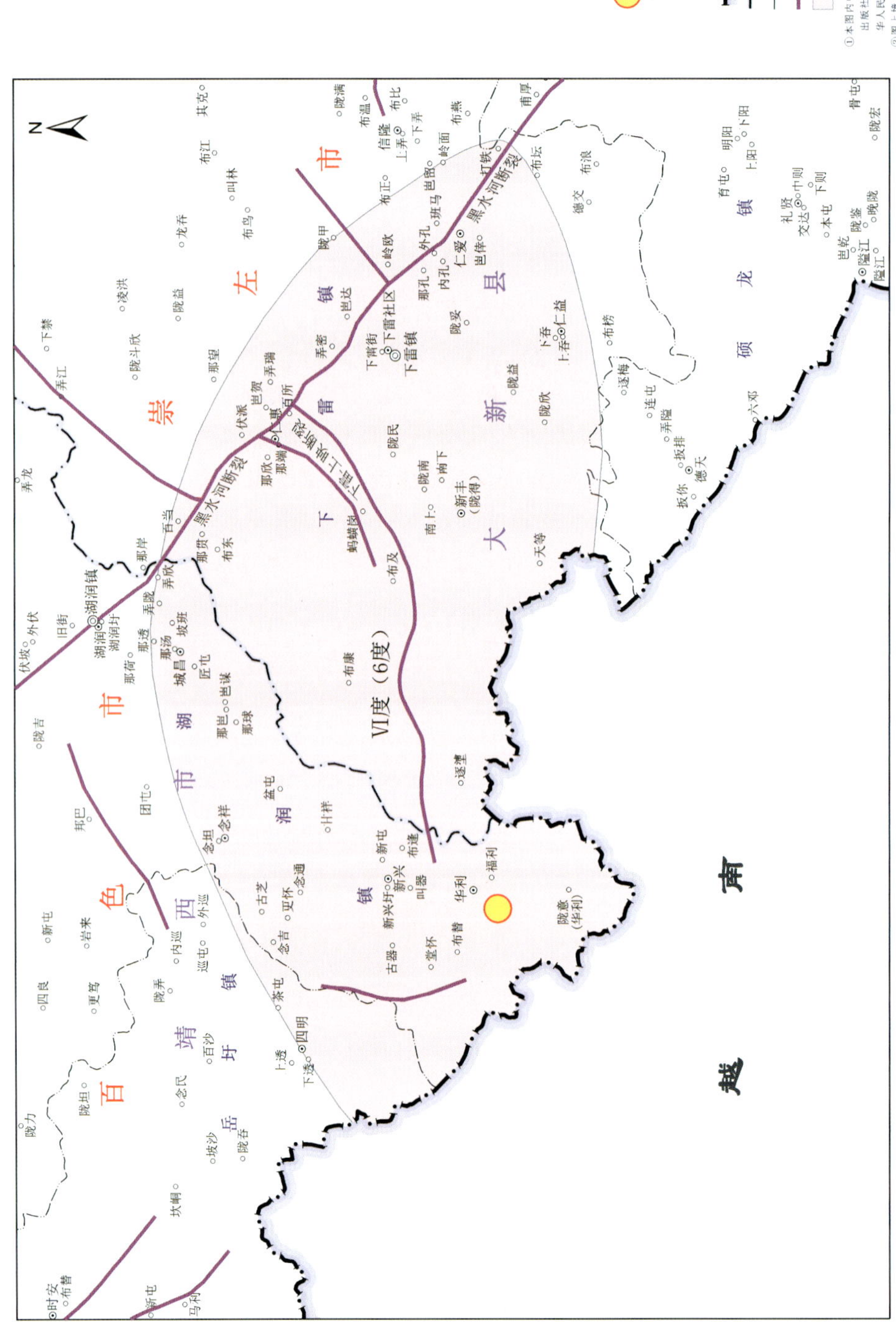

图3－15　广西靖西5.2级地震烈度分布图

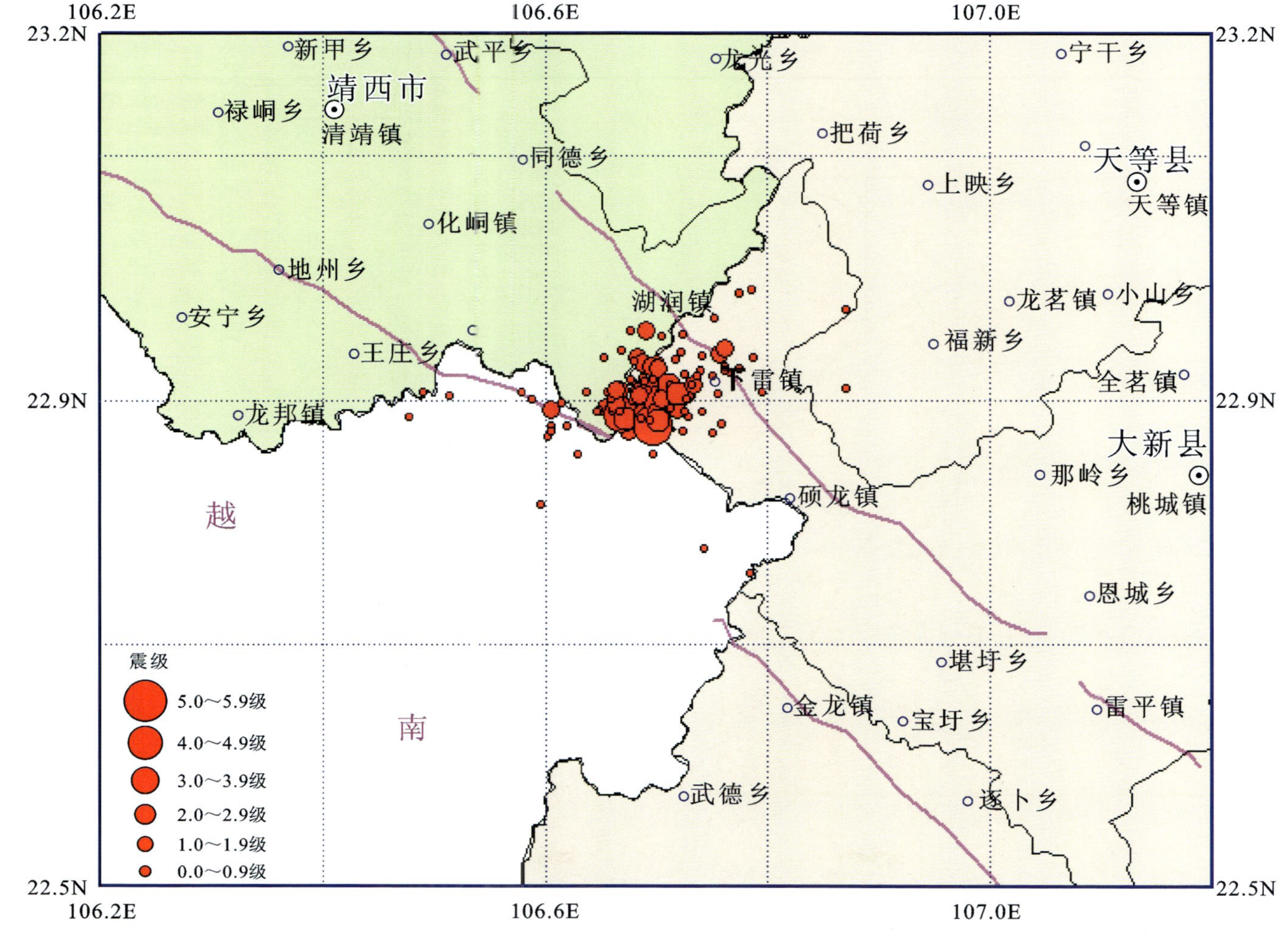

图 3－16　广西靖西 5.2 级地震余震分布图

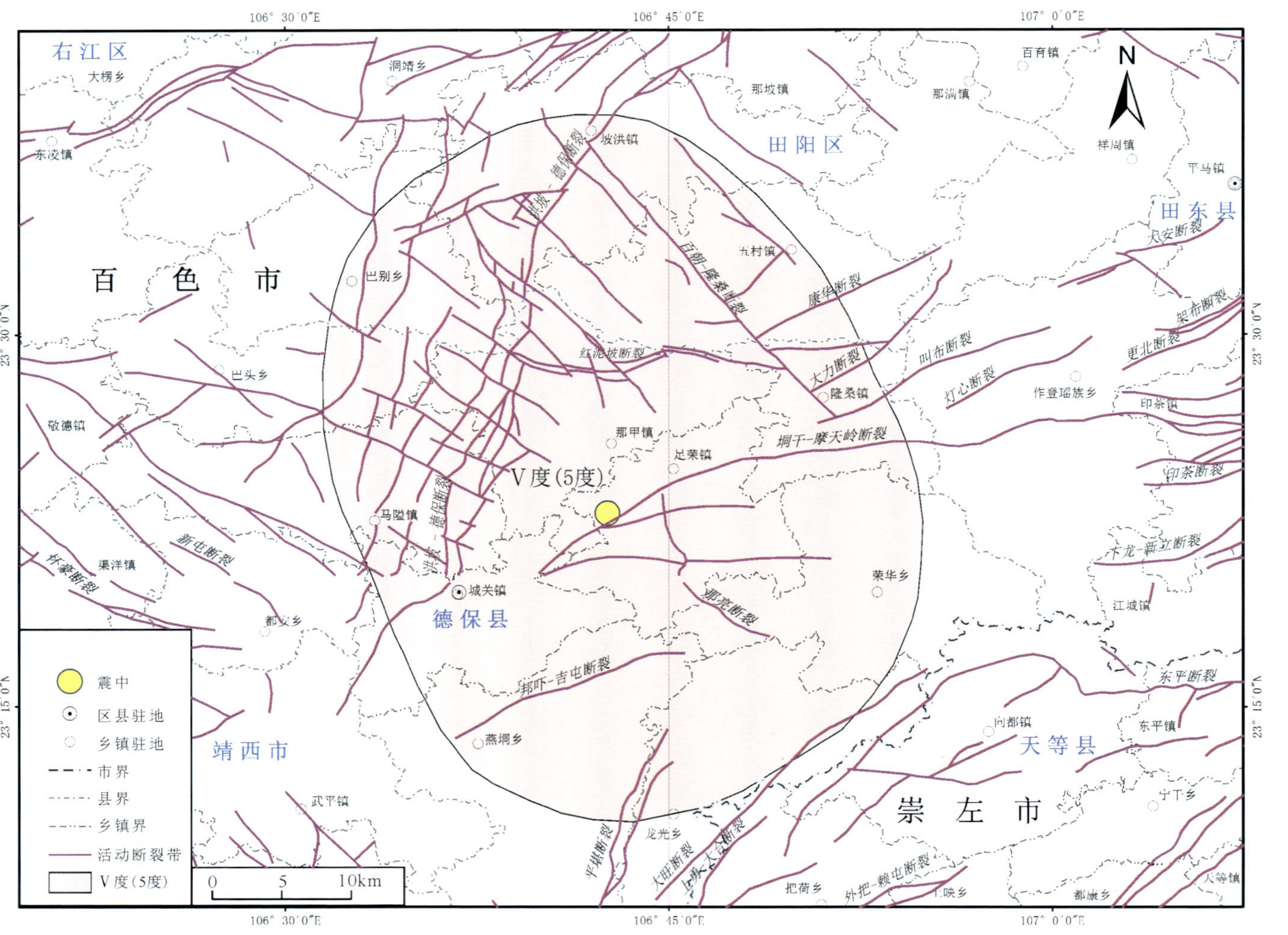

图3-17　广西德保4.8级地震烈度分布图

主要参考文献

陈国达,1939.广东灵山地震志[J].两广地质调查所特刊(17):1-100.

广西壮族自治区地方志编纂委员会,1990.广西通志·地震志[M].南宁:广西人民出版社.

广西壮族自治区地质矿产局,1985.广西壮族自治区区域地质志[M].北京:地质出版社.

广西壮族自治区地质矿产勘查开发局,2022.广西壮族自治区区域地质志[M].北京:地质出版社(待出版).

李冰溯,李细光,潘黎黎,2018.1936年广西灵山$M\,6\frac{3}{4}$地震参数讨论[J].地震学报,40(2):132-142.

李春荣,张功成,梁建设,等.2012.北部湾盆地断裂构造特征及其对油气的控制作用[J].石油学报,(33)2:195-203.

李金臣,潘华,陈文彬,2009.北部湾海域地震构造背景研究[J].震灾防御技术,4(2):182-189.

李帅,潘黎黎,李冰溯,等,2018.广西灵山断裂北段晚更新世以来地质地貌特征[J].地质科技情报,37(2):65-70.

李伟琦,1989.广西新构造分区特征及其与地震的关系[J].华南地震,9(4):5.

李细光,李冰溯,潘黎黎,等,2017a.广西灵山1936年$6\frac{3}{4}$级地震地表破裂带新发现[J].地震地质,39(4):689-698.

李细光,潘黎黎,李冰溯,等,2017b.广西灵山1936年$6\frac{3}{4}$级地震地表破裂类型与位错特征[J].地震地质,39(5):904-916.

李细光,潘黎黎,李冰溯,等,2018.广西灵山断裂北段古地震事件初步研究[J].地学前缘,25(4):268-275.

宋方敏,李传友,陈献程,等,2004.右江断裂带晚更新世活动的若干地质地貌证据及位移速率[J].地震地质,26(4):611-621.

魏柏林,等,2001.东南沿海地震活动特征[M].北京:地震出版社.

吴教兵,凌铭,李细光,等,2020.河池-宜州-柳城断裂带活动性分段研究[J].华北地震科学,38(S2):27-32,38.

杨景春,1993.中国地貌特征与演化[M].北京:海洋出版社.

周本刚,杨晓平,杜龙,2008.广西防城-灵山断裂带活动性分段与潜在震源区划分研究[J].震灾防御技术,3(1):8-19.

内部资料

北京中震创业工程科技研究院，中国地震灾害防御中心，广西壮族自治区地震局，2008.广西防城港核电厂可行性研究阶段地震安全性评价报告[R].

北京中震创业工程科技研究院，中国地震灾害防御中心，广西壮族自治区地震局监测中心，2010.广西平南核电厂可行性研究阶段地震安全性评价报告[R].

地矿部第二海洋地质调查大队，1980.南海北部构造地质图说明书[R].

广西工程防震研究院，2012.220kV资源变电站工程场地地震安全性评价报告[R].

广西工程防震研究院，2013.富川汇龙购物广场工程场地地震安全性评价报告[R].

广西工程防震研究院，2014.桂林市兴进广场工程场地地震安全性评价报告[R].

广西工程防震研究院，2014.柳州市信合金融服务大厦工程场地地震安全性评价报告[R].

广西工程防震研究院，2020.北海市银海区社会老年服务中心建设项目工程场地地震安全性评价报告[R].

广西工程防震研究院，2020.广西百色水利枢纽过船设施工程地震安全性评价报告[R].

广西工程防震研究院，2020.广西乐业新建通用机场工程场地地震安全性评价报告[R].

广西工程防震研究院，2020.南宁玉洞铁路货运中心项目场地地震安全性评价报告[R].

广西工程防震研究院，2020.梧州市活动断层探测与地震危险性评价项目(一期)探测区断裂补充调查及地震构造图编制成果报告[R].

广西壮族自治区地震局，2020.“7·31”广西苍梧5.4级地震发震构造研究成果报告[R].

广西壮族自治区震灾风险防治中心，2022.黄桶至百色铁路(广西段)建设项目场地地震安全性评价报告[R].

广西壮族自治区震灾风险防治中心，2022.钦州市活动断层探测与地震危险性评价[R].

河池市地震监测中心(原河池市地震局)，广西工程防震研究院，2020.河池-宜州-柳城断裂带活动性调查与地震危险性评价成果报告[R].

中国地震局地质研究所，2014.中核广西核电项目初步可行性研究阶段地震地质专题报告[R].

中国科学院(华南热带生物资源综合考察队、广州地理研究所)，1963.广西地貌区划[R].

附 表

广西地区中强地震目录(1318—2021 年,$M \geqslant 4.7$)

编号	发震时间		震中位置		震级 M	深度/km	震中烈度	精度	震中参考地名
	年-月-日	时:分:秒	北纬/(°)	东经/(°)					
1	1318-06-18		23.5	110.5	5				广西平南
2	1372-06-01		24.2	111.1	4¾			3	广西贺州
3	1502-07-19		24.1	111.0	4¾				广西昭平
4	1507-03-04		22.8	110.6	5¼			3	广西容县
5	1510-11-28		24.9	109.5	5			3	广西融安
6	1520-07-21		24.0	111.0	5			3	广西昭平
7	1599-09-15		25.5	110.3	4¾		Ⅵ	3	广西灵川
8	1639-06-08		24.7	110.5	4¾				广西阳朔
9	1665-09-21		24.4	110.8	5				广西平乐
10	1672-11-04		24.7	110.4	4¾				广西阳朔
11	1686-01-01		22.8	110.0	5½			4	广西玉林
12	1686-01-08		24.7	110.5	4¾				广西阳朔
13	1695-02-15		24.9	109.1	5½			3	广西融水
14	1736-04-21		23.2	110.9	4¾				广西岑溪
15	1751-03-01		23.7	106.9	4¾		Ⅵ	2	广西田阳
16	1759-10-25		23.9	109.9	5			3	广西象州
17	1778-10-29		22.5	110.6	5¼			3	广西北流
18	1806-07-18		25.1	109.4	4¾		Ⅵ	1	广西融安
19	1857-01-29		22.7	110.3	4¾		Ⅵ	2	广西北流

续附表

编号	发震时间		震中位置		震级 M	深度/km	震中烈度	精度	震中参考地名
	年-月-日	时:分:秒	北纬/(°)	东经/(°)					
20	1860-01-25		22.9	110.1	5½			3	广西玉林
21	1869-07-11		22.2	107.3	4¾		Ⅵ	2	广西宁明
22	1875-06-08		25.0	106.5	6½			4	广西乐业
23	1885-11-24		22.3	106.8	4¾		Ⅵ	2	广西龙州
24	1890-08-29		21.9	110.3	6			3	广西陆川
25	1890-11-01		22.2	110.6	4¾				广西北流
26	1893-11-26		22.8	107.8	4¾		Ⅵ	2	广西扶绥
27	1899-11-28		23.4	109.6	5		Ⅵ	2	广西武宣
28	1910-07-01		24.5	105.2	4¾			2	广西西林
29	1911-02-05		23.0	109.8	5¼			3	广西贵港
30	1925-05-15		23.4	107.5	4¾		Ⅵ		广西平果
31	1926-11-14		24.7	108.1	4¾		Ⅵ		广西河池
32	1930-06-16		23.5	107.5	4¾		Ⅵ		广西平果
33	1934-12-20		24.1	107.4	4¾				广西巴马
34	1936-04-01		22.5	109.4	6¾	7	Ⅸ		广西灵山
35	1936-04-09		22.5	109.4	4¾				广西灵山
36	1936-04-12		22.5	109.4	4¾				广西灵山
37	1936-04-26		22.5	109.4	5½				广西灵山
38	1943-08-15		24.5	108.1	4¾		Ⅵ		广西宜山
39	1949-11-01		24.8	106.5	4¾		Ⅵ		广西乐业
40	1958-09-25		22.6	109.5	5¾		Ⅶ	2	广西灵山
41	1960-11-05		24.0	108.5	5		Ⅵ	5	广西宜山
42	1962-04-20		24.3	106.0	5			4	广西田林
43	1977-10-19	10:44:48.0	23.40	107.48	5.0	11	Ⅵ	1	广西平果
44	1988-11-05	02:03:54.0	20.58	108.11	4.8	1		2	北部湾

续附表

编号	发震时间		震中位置		震级 M	深度/km	震中烈度	精度	震中参考地名
	年-月-日	时:分:秒	北纬/(°)	东经/(°)					
45	1988-11-10	09:17:50.0	21.31	108.51	5.0	14		2	北部湾
46	1994-12-31	10:57:16.0	20.43	109.35	6.1	7		1	北部湾
47	1995-01-10	18:09:46.0	20.48	109.35	6.2	11		1	北部湾
48	1995-03-23	14:14:44.0	20.33	109.43	5.1	17		1	北部湾
49	1995-04-16	05:07:43.0	20.55	109.36	4.7	21		1	北部湾
50	1995-05-07	15:16:05.0	20.35	109.40	5.2	9		1	北部湾
51	1998-04-16	11:13:26.0	25.11	107.98	4.9	11	Ⅵ	1	广西环江
52	2016-07-31	17:18:10.2	24.08	111.53	5.4	10	Ⅶ	1	广西苍梧
53	2019-10-12	22:55:26.0	22.16	110.51	5.2	10	Ⅵ	1	广西北流
54	2019-11-25	09:18:19.9	22.86	106.71	5.2	10	Ⅵ	1	广西靖西
55	2021-08-04	19:12:52.6	23.38	106.68	4.8	19	Ⅴ	1	广西德保

注:震级 $M \geqslant 4.7$ 的地震从以下资料中选取。国家地震局震害防御司编《中国历史强震目录》(公元前23世纪至公元1911年,1995年);中国地震局震害防御司编《中国近代地震目录》(1912—1990年,$M_S \geqslant 4.7$,1999年);中国台网正式地震目录(1970—2021年);《广西通志·地震志》(广西壮族自治区地方志编纂委员会,1990);《广西地震志》(广西地震局历史地震小组,1982)。